Javad JANGI GOLEZANI

Técnicas de design de conjuntos de antenas

Javad JANGI GOLEZANI

Técnicas de design de conjuntos de antenas

Introdução às técnicas de arranjos de antenas para comunicações de longa distância e via satélite

ScienciaScripts

Imprint

Any brand names and product names mentioned in this book are subject to trademark, brand or patent protection and are trademarks or registered trademarks of their respective holders. The use of brand names, product names, common names, trade names, product descriptions etc. even without a particular marking in this work is in no way to be construed to mean that such names may be regarded as unrestricted in respect of trademark and brand protection legislation and could thus be used by anyone.

Cover image: www.ingimage.com

This book is a translation from the original published under ISBN 978-620-7-64089-8.

Publisher:
Sciencia Scripts
is a trademark of
Dodo Books Indian Ocean Ltd. and OmniScriptum S.R.L publishing group

120 High Road, East Finchley, London, N2 9ED, United Kingdom
Str. Armeneasca 28/1, office 1, Chisinau MD-2012, Republic of Moldova, Europe
Printed at: see last page
ISBN: 978-620-7-68108-2

TÉCNICAS DE CONCEPÇÃO DE CONJUNTOS DE ANTENAS

INTRODUÇÃO ÀS TÉCNICAS DE AGREGADOS DE ANTENAS PARA COMUNICAÇÕES DE LONGA DISTÂNCIA E POR SATÉLITE

Por: Javad JANGI GOLEZANI

ÍNDICE DE CONTEÚDOS

1. __INTRODUÇÃO__

No início da década de 1920, Marconi foi pioneiro no desenvolvimento inicial de antenas direccionais, realçando a sua importância nas comunicações de longo alcance [1]. Os avanços subsequentes, incluindo a tecnologia de arranjos em fase, promoveram o progresso das antenas de arranjo. As exigências da Segunda Guerra Mundial sublinharam a importância das antenas de matriz, catalisando avanços adicionais neste domínio. Atualmente, o aparecimento de antenas inteligentes marca uma tendência contemporânea. Embora as antenas de matriz ofereçam vários caminhos para melhorar o desempenho dos sistemas de comunicação, a sua principal utilidade reside na supressão de interferências em vários canais. Este livro propõe várias abordagens inovadoras para melhorar o desempenho das antenas de matriz.

O livro está estruturado da seguinte forma: O Capítulo 2 descreve os fundamentos e a terminologia essenciais para compreender os conjuntos de antenas. O Capítulo 3 aborda a utilização de antenas de matriz em comunicações de longa distância e, em particular, em comunicações por satélite. O Capítulo 4 apresenta três novas metodologias para o projeto de agregados, centrando-se na pequena abertura, na alimentação efectiva e no feixe estreito. O Capítulo 5 apresenta os resultados de simulação e medição das estruturas projectadas com base nos métodos apresentados.

1.1 Motivação para o livro

Uma das principais necessidades em qualquer configuração de comunicação de longa distância ou por satélite é a utilização de antenas altamente direccionais. Nos sistemas de comunicação por satélite, as fontes de interferência persistem devido à utilização de múltiplos satélites e sinais terrestres, o que pode degradar o desempenho do sistema de satélite e da estação de base. Por conseguinte, é necessário dispor de antenas directivas com um nível de lóbulo lateral (SLL) excecionalmente baixo para atenuar a interferência de fontes indesejadas [2,3]. Além disso, as antenas com dimensões compactas são preferidas para utilização tanto em estações de base como em satélites [4]. O principal objetivo deste livro é apresentar abordagens inovadoras para a conceção de antenas de matriz destinadas a melhorar o desempenho em termos de dimensões, Half Power Beam Width (HPBW) e SLL. Estes métodos envolvem o emprego de matrizes com elementos cuidadosamente espaçados ou ponderados, ajustando assim o padrão de feixe desejado da matriz, em conjunto com a utilização de antenas de elementos especializados.

A tecnologia de satélite da banda Ku tem uma importância significativa no domínio das comunicações, suportando várias aplicações, tais como o acesso à Internet e a difusão de televisão. Os protótipos de antenas sugeridos neste livro foram concebidos com polarização linear para servirem de receptores para a gama de frequências de downlink da banda Ku. Especificamente, este trabalho de investigação centra-se na gama de frequências atribuída aos sistemas de comunicação por satélite de downlink da banda Ku, que vai de 10,7 GHz a 12,7 GHz dentro da gama mais alargada de 10-18 GHz.

1.2 Revisão da literatura

Devido às limitações inerentes à directividade das antenas de elementos individuais, as comunicações por satélite recorrem frequentemente a matrizes com um elevado número de elementos, como se pode ver nos projectos disponíveis [5]. No entanto, a utilização extensiva de longas linhas microstrip apresenta um obstáculo significativo na conceção de matrizes com um grande número de elementos [6,7]. Além disso, o emprego de um grande número de divisores de potência nessas matrizes pode aumentar a perda de inserção ou de isolamento na rede de divisão de potência, limitando assim a largura de banda e aumentando o tamanho total [8,9]. Por conseguinte, existe uma necessidade premente de melhorar a rede de alimentação, quer através do encurtamento das linhas de faixa, quer através da redução do número de divisores de potência. Um método proposto é o sistema de rede alimentada em série, que visa diminuir o número de divisores de potência e o comprimento das linhas de transmissão [10], embora possa não ser ideal para todos os projectos. Outras abordagens, como a utilização de superstratos [11] ou guias de onda [12,13], visam reduzir as perdas na rede de alimentação, mas tendem a ser menos económicas e podem resultar num aumento do tamanho do conjunto de antenas. A abordagem do guia de ondas integrado no substrato (SIW), como sugerido em [14], oferece uma solução promissora para reduzir as perdas, mantendo um tamanho compacto, embora não seja isenta de considerações de custo.

As dimensões das antenas também têm sido um ponto fulcral da investigação. Técnicas como a Defected Microstrip Structure (DMS) [15] ou a Defected Ground Structure (DGS) [16] foram propostas para reduzir o tamanho, mas muitas vezes à custa da eficiência. Foi sugerida uma antena de matriz DGS em forma de E para alcançar um equilíbrio entre tamanho reduzido e eficiência óptima, mas pode não ser adequada para matrizes com um grande número de elementos. Uma outra abordagem, descrita em [17], defende a utilização de materiais magnéticos artificiais em antenas de matriz miniaturizadas para aplicações em satélites. No entanto, este método pode não ser economicamente viável.

Para além das considerações de eficiência e dimensão, muitas aplicações práticas, como o radar, a imagiologia ou as comunicações por satélite, exigem a redução do nível do lóbulo lateral (SLL) no padrão de radiação dos conjuntos de antenas [18,19] para atenuar a interferência de fontes indesejadas [20]. Vários projetos foram propostos para enfrentar esse desafio. Em [21], o espaçamento desigual é sugerido para diminuir a SLL, enquanto os estudos sobre matrizes de antenas circulares concêntricas (CCAAs) [22] e o espaçamento desigual em matrizes esféricas [23] visam identificar matrizes optimizadas com SLL minimizada. Algoritmos meta-heurísticos, como os Algoritmos Genéticos (AGs) [24-26], mostraram-se promissores na supressão da SLL, mas alguns projectos produzem apenas melhorias marginais. Além disso, é possível obter o SLL desejado em matrizes com um número limitado de elementos através de métodos como a colocação de elementos baseada em AG [19,24]. Em [25], a perturbação das posições dos elementos da matriz reduz o SLL na parte central, mas pode levar a lóbulos menores mais elevados nas partes exteriores do padrão. Por outro lado, abordagens como as descritas em [26], que empregam Algoritmos Genéticos com Codificação Real (RCGAs), podem resultar em tamanhos de matriz maiores do que o original, o que pode ser visto como uma desvantagem.

1.3 Revisão dos capítulos

Este livro apresenta três novos métodos para projetar antenas de arranjo com aberturas menores, alimentação eficiente e feixes mais estreitos em comparação com os métodos existentes. Estas abordagens potenciam a utilização eficaz do fator do conjunto em conjunto com antenas de elementos especializados. Consequentemente, quando comparadas com alternativas como as matrizes alimentadas por guias de ondas, estas técnicas propostas oferecem vantagens práticas em termos de simplicidade de conceção e custos de fabrico reduzidos. Cada um dos três métodos propostos é examinado minuciosamente. Embora sejam efectuadas investigações teóricas para todas as abordagens, são utilizadas simulações com o software Ansoft HFSS para apresentar os resultados da primeira abordagem (secção 4.1) e da terceira abordagem (secção 4.3). Em particular, é construído um conjunto de antenas com base na metodologia descrita na secção 4.2. Além disso, o Capítulo 5 do livro apresenta os resultados da medição de uma antena projectada com base nos métodos apresentados.

Na abordagem inicial (secção 4.1), é apresentado um novo conjunto de antenas com a directividade desejada, com uma abertura mais pequena em comparação com os modelos existentes. Tradicionalmente, a directividade dos agregados aumenta com o aumento das dimensões da abertura [27,28]. No entanto, este projeto alcança uma elevada directividade empregando um espaçamento reduzido entre elementos, desviando-se das práticas convencionais. Este método baseia-se na utilização de uma antena de elemento especializado e no seu correspondente fator de matriz.

Na segunda abordagem (secção 4.2), é apresentada uma proposta para uma estrutura de matriz com um número reduzido de elementos. A redução do número de elementos diminui efetivamente a perda óhmica provocada pelas longas linhas de tira [6,7]. Uma vantagem fundamental reside na redução da perda de inserção ou de isolamento, facilitada por uma diminuição do número de redes de divisão de potência. Isto é conseguido através da utilização de um espaçamento entre elementos de 2λ, por oposição ao espaçamento λ prevalecente nos projectos existentes. De notar que a largura do feixe de meia potência (HPBW) permanece praticamente inalterada em ambos os métodos, uma vez que os lóbulos menores são atenuados através do emprego de antenas de elementos direccionais.

Na terceira abordagem (secção 4.3), é efectuado um estudo sobre uma matriz não linear para obter um feixe mais estreito com um nível de lóbulo lateral (SLL) aceitável. Normalmente, a HPBW de um conjunto é ditada pelo comprimento da abertura do conjunto [27]. Assim, o objetivo é ajustar não linearmente a posição dos elementos interiores em direção às extremidades do conjunto, com vista a aumentar a HPBW.

O capítulo 5 do livro apresenta o protótipo fabricado e os seus resultados simulados e medidos.

2. ARQUITECTURA, VANTAGENS E APLICAÇÕES DAS ANTENAS DE MATRIZ

2.1 Introdução

Um dos feitos inovadores no início das comunicações via rádio foi a receção bem sucedida por Guglielmo Marconi da primeira mensagem de rádio transatlântica, que incluía a representação em código Morse da letra 'S' através de três cliques curtos, em 12 de dezembro de 1901 [1,29]. Esta descoberta e os avanços subsequentes realçaram o papel fulcral das antenas na comunicação a longa distância. A investigação sobre a conceção e o melhoramento da direccionalidade das antenas para estabelecer comunicações de longo alcance tem sido um ponto fulcral desde a publicação de Marconi sobre a "Antena Diretiva" [1,29]. Karl Ferdinand Braun marcou outra era significativa na comunicação ao realizar investigação avançada sobre tecnologia de comunicação sem fios direcional. O seu trabalho valeu-lhe o Prémio Nobel por ter demonstrado a melhoria da transmissão de ondas de rádio numa única direção [1,30]. Além disso, Beverage desenvolveu a antena ondulada, também conhecida como antena Beverage, que apresentava um ganho melhorado em comparação com dipolos e outros elementos básicos [31]. Em meados da década de 1930, foram introduzidas várias antenas de matriz diretiva para ultrapassar as limitações da directividade de um único elemento [32]. Embora as antenas com propriedades de radiação de feixe fixo tenham sido predominantemente utilizadas para satisfazer os requisitos de elevada directividade até à década de 1920, nos anos seguintes assistiu-se ao desenvolvimento e ao aumento da procura de antenas de matriz com capacidades melhoradas. Na década de 1940, durante a Segunda Guerra Mundial, o conceito de arranjos de antenas fez sua estréia em aplicações militares [1,30], marcando outro marco significativo. Os avanços na tecnologia de matrizes durante este período também facilitaram os sistemas de antenas orientáveis eletronicamente. Outros desenvolvimentos no processamento de sinais nos anos seguintes levaram a avanços contínuos na conceção de agregados [1]. Os agregados podem ser utilizados para receber sinais de direcções específicas, filtrando simultaneamente sinais de direcções indesejadas. Consequentemente, as matrizes podem ajudar a contrariar interferências intencionais (empastelamento) ou não intencionais (radiação de outras fontes) dirigidas ao sistema de comunicações através da utilização de algoritmos de processamento de sinais. A evolução da tecnologia de matrizes continuou, dando origem ao conceito de matrizes de antenas adaptativas através de novos avanços no processamento de sinais. Esta melhoria reforçou significativamente a capacidade dos sistemas de comunicação sem fios. Com estes avanços, foram envidados esforços substanciais para desenvolver algoritmos e centrar-se nos aspectos de processamento de sinais nas primeiras tecnologias de agregados. No entanto, a disposição física ou o posicionamento dos elementos da antena dentro do conjunto foi relativamente ignorado.

2.2 Princípio e arquitetura da matriz

O campo elétrico total produzido por uma matriz de elementos idênticos pode ser representado pelo produto do padrão de radiação de um único elemento pelo fator da matriz, como se mostra na equação (2.1):

$$\vec{E}(total) = \left[\vec{E}\ (single\ element)\right].\left[array\ factor\right] \tag{2.1}$$

Aqui, $\vec{E}$ representa o vetor campo elétrico.

O fator de matriz é uma função escalar influenciada por vários factores, incluindo o número de elementos, a sua disposição espacial, as magnitudes relativas, as fases relativas e o espaçamento. Neste livro

O fator de matriz é calculado independentemente da polarização dos elementos e do acoplamento entre eles, assumindo uma polarização idêntica para todos os elementos e um acoplamento negligenciável entre eles. Uma vez que o fator de matriz não é influenciado pelas propriedades direccionais dos elementos radiantes, pode ser expresso substituindo os elementos reais por fontes isotrópicas (pontuais) igualmente polarizadas. Consequentemente, para uma matriz de dois elementos com excitação idêntica, o fator de matriz normalizado é dado pela equação (2.2) [27].

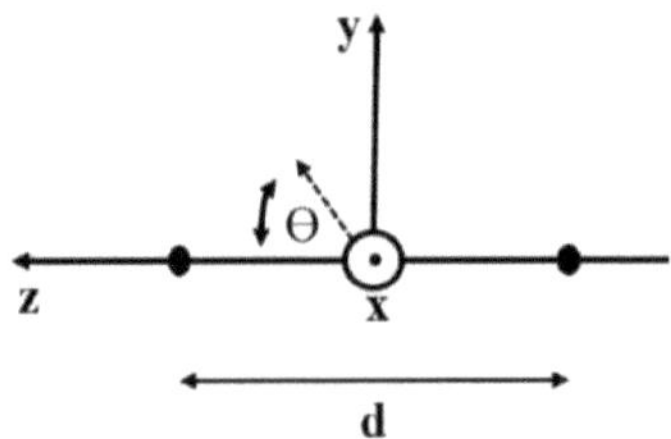

Figura 2.1 : Matriz de dois elementos ao longo do eixo Z.

$$AF = \frac{e^{+j\psi/2} + e^{-j\psi/2}}{2} \tag{2.2}$$

onde,

$$\psi = kd\cos\theta + \beta \tag{2.2a}$$

onde, β é a diferença de excitação de fase entre os elementos, $k\left(\frac{2\pi}{\lambda}\right)$ é a constante de onda, d é o espaçamento entre os elementos e o ângulo θ é demonstrado na Figura 2.1.

Em seguida, consideremos uma matriz composta por N elementos, cada um deles espaçado por uma distância d entre si, com o primeiro elemento posicionado em $z = 0$. Assumindo que todos os elementos têm coeficientes de excitação idênticos mas diferem em fase progressiva por β relativamente uns aos outros, o fator de matriz normalizado pode ser expresso pela equação (2.3) [27].

$$AF = \sum_{n=1}^{N} e^{j(n-1)\psi} \tag{2.3}$$

O fator de matriz normalizado apresentado na equação (2.3) pode ser expresso de forma mais concisa deslocando o ponto de referência para o centro da matriz, como se mostra na equação (2.4) [27].

$$AF_n = \frac{1}{N}\left[\frac{\sin\left(\frac{N}{2}\psi\right)}{\sin\left(\frac{1}{2}\psi\right)}\right] \tag{2.4}$$

Para além das matrizes lineares, os elementos podem também ser dispostos em configurações rectangulares ou circulares, conhecidas como matrizes planares. As matrizes planas oferecem parâmetros adicionais que podem ser utilizados para moldar e controlar o padrão de radiação, produzindo potencialmente padrões mais simétricos com lóbulos laterais reduzidos. Consulte a Figura 2.2a, onde M elementos estão dispostos ao longo do eixo x numa matriz linear.

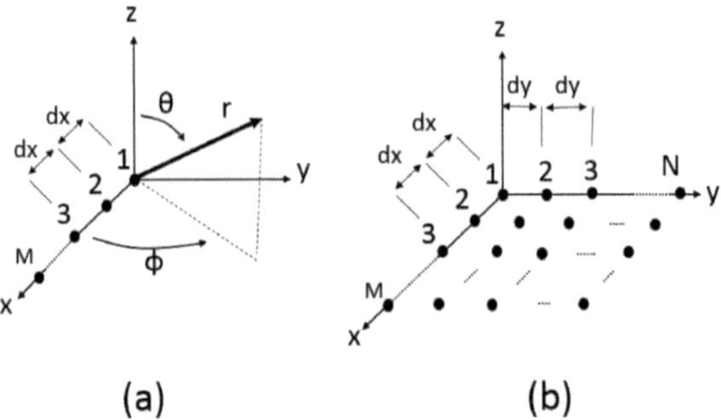

Figura 2.2: (a) Matriz linear (b) Matriz planar.

A matriz plana representada na Figura 2.2b é criada através da convolução da matriz linear apresentada na Figura 2.2a com uma matriz adicional de N elementos ao longo do eixo y.

Os factores de matriz para as matrizes de M elementos e N elementos ao longo dos eixos x e y, respetivamente, são representados pelas equações (2.5a) e (2.5b) [27].

$$\mathrm{AF}_{xm} = \sum_{m=1}^{M} I_{m1} e^{j(m-1)(kd_x \sin\theta \cos\phi + \beta_x)} \tag{2.5a}$$

$$\mathrm{AF}_{yn} = \sum_{n=1}^{N} I_{n1} e^{j(n-1)(kd_y \sin\theta \sin\phi + \beta_y)} \tag{2.5b}$$

Aqui, I_{m1} e I_{n1} representam os coeficientes de excitação para cada elemento nas matrizes lineares ao longo dos eixos x e y, respetivamente. Os espaçamentos entre os elementos ao longo dos eixos x e y são denotados por d_x e d_y, respetivamente. βx e βy indicam as mudanças de fase progressivas para as matrizes lineares ao longo dos eixos x e y, respetivamente. Dado que a matriz plana da Figura 2.2b pode ser descrita como a convolução das duas matrizes lineares, o fator de matriz para toda a matriz plana pode ser expresso na forma de multiplicação, como mostra a equação (2.6) [27].

$$AF = I_0 \sum_{m=1}^{M} e^{j(m-1)(kd_x \sin\theta \cos\phi + \beta_x)} \sum_{n=1}^{N} e^{j(n-1)(kd_y \sin\theta \sin\phi + \beta_y)} \tag{2.6}$$

onde, $I_{mn} = I_0$ apresenta a excitação da amplitude de qualquer elemento em toda a matriz. A forma compacta e normalizada do fator de matriz também pode ser escrita como (2.7).

$$AF_n(\theta, \phi) = \left[\frac{1}{M} \frac{\sin\left(\frac{M}{2}\psi_x\right)}{\sin\left(\frac{\psi_x}{2}\right)} \right] \left[\frac{1}{N} \frac{\sin\left(\frac{N}{2}\psi_y\right)}{\sin\left(\frac{\psi_y}{2}\right)} \right] \tag{2.7}$$

onde,

$$\psi_x = kd_x \sin\theta \cos\phi + \beta_x \tag{2.7a}$$

$$\psi_y = kd_{xy} \sin\theta \sin\phi + \beta_y \tag{2.7b}$$

A directividade de uma matriz linear aumenta em comparação com um elemento único no plano perpendicular à antena da matriz linear e que a inclui. No entanto, a directividade permanece inalterada e corresponde à de um único elemento no plano perpendicular a este plano mencionado. Ao dispor os elementos numa matriz plana, a directividade aumenta em ambos os planos principais da antena da matriz.

2.3 Vantagens das antenas de matriz

Um conjunto de antenas pode ser utilizado de várias formas para melhorar o desempenho de um sistema de comunicações. A mais importante é a sua capacidade de suprimir as interferências efectuadas nos sistemas, tais como as comunicações por satélite, tanto nos modos de transmissão como de receção. Combinando sinais de diferentes antenas e, consequentemente, ajustando o padrão de feixe do conjunto, é possível cancelar a interferência.

O desempenho das antenas de matriz é então desenvolvido através da utilização de alguns algoritmos que combinam várias antenas, designadas por matrizes em fase. O aspeto mais vantajoso da tecnologia de matrizes em fase é que a direção do feixe principal da antena pode ser controlada ajustando a fase entre diferentes antenas [33]. O desenvolvimento da tecnologia de matrizes prossegue com o conceito de matrizes adaptativas. Nas antenas adaptativas, tanto o ganho como a fase dos sinais induzidos nos elementos são alterados para ajustar o ganho do conjunto de uma forma dinâmica, conforme exigido pelo sistema [2, 33]. Consequentemente, o conjunto adapta-se à situação exigida pelo sistema [2].

Atualmente, os sistemas móveis são desenvolvidos de modo a operarem em duas ou mais bandas de frequência e, consequentemente, a necessidade de matrizes de antenas que operem em mais do que uma banda de frequência é realçada. Assim, destaca-se o papel dos conjuntos de antenas que têm a capacidade de operar nas duas frequências [34]. Atualmente, as antenas inteligentes têm merecido mais atenção devido à sua configurabilidade. De facto, a estrutura das antenas inteligentes baseia-se na utilização de um conjunto de antenas adaptativas, constituído por elementos cujas saídas são combinadas adaptativamente através de um conjunto de pesos complexos. Embora estas operações melhorem o desempenho do sistema, as antenas adaptativas têm custos de implementação elevados e limitações de complexidade [2, 35].

2.4 Aplicação de antenas de matriz em sistemas de comunicação móvel

As antenas de matriz desempenham um papel crucial em vários aspectos das comunicações móveis, abrangendo tanto os sistemas de comunicação base-móvel como os sistemas de comunicação satélite-móvel.

Nos sistemas base-móvel, uma estação de base localizada numa célula comunica com vários dispositivos móveis dentro dessa célula. Assim, as antenas de feixe adaptativo são essenciais para identificar a localização de cada dispositivo móvel. Estas antenas moldam os seus feixes para cobrir dispositivos móveis individuais ou grupos de dispositivos. A modelação do feixe também tem em conta a distribuição do tráfego da célula e a moderação da energia. Além disso, o sistema pode ajustar o padrão do feixe para criar nulos com o objetivo de reduzir as interferências indesejadas nos modos de transmissão e receção [2].

Para as comunicações móveis via satélite, as antenas de matriz podem ser classificadas em dois tipos: as montadas a bordo dos satélites e as montadas em dispositivos móveis. As antenas de matriz montadas em satélites oferecem capacidades de formação de feixes, gerando feixes de várias formas e tamanhos com base nas posições dos dispositivos móveis. Esta capacidade reduz a potência de transmissão necessária, aliviando a necessidade de uma elevada produção de energia a bordo. A formação adaptativa de feixes também ajuda a minimizar as interferências. No lado móvel ou terrestre, as antenas de matriz diretiva podem minimizar a interferência de satélites vizinhos, focando o feixe apenas na direção desejada ou num satélite específico [2].

O conceito envolve a utilização de combinações variáveis de elementos com pesos variáveis para produzir feixes na direção desejada [2]. Este princípio pode ser aplicado tanto a antenas de satélite como a estações terrestres, reduzindo efetivamente as interferências em sistemas de satélite com um grande número de canais.

2.5 Técnicas de alimentação

A alimentação dos elementos da matriz pode ser efectuada através de vários métodos. A Figura 2.3 ilustra diferentes arranjos de alimentação para uma antena de matriz planar 4x4 [36, 37]. A principal distinção entre os quatro métodos apresentados na Figura 2.3 reside nas diferenças de fase utilizadas para alimentar os elementos. Por exemplo, todos os elementos da Figura 2.3d são alimentados com fases idênticas, enquanto os elementos ao longo de qualquer linha da Figura 2.3a recebem fases variáveis. Além disso, as redes de alimentação diferem no número de divisores de potência utilizados.

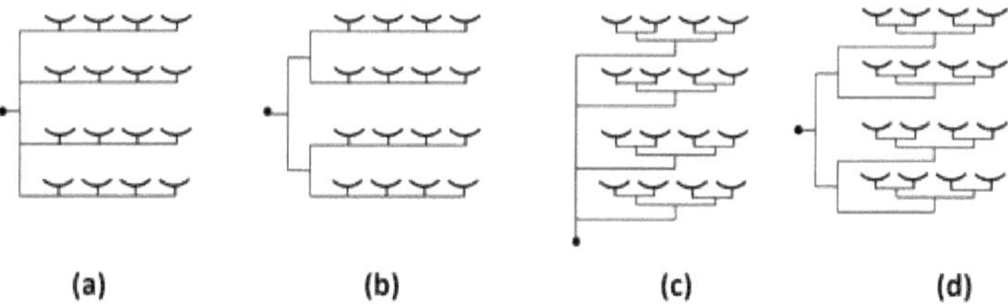

Figura 2.3 : Diferentes redes de alimentação.

A antena microstrip ganhou popularidade em várias aplicações devido às suas características únicas. No entanto, apresenta algumas limitações, nomeadamente a sua baixa eficiência. Um desafio comum na conceção de antenas de matriz plana é a perda na rede de alimentação, particularmente quando se utiliza um elevado número de elementos, como ilustrado na Figura

2.3. Isto leva a um aumento do comprimento das linhas de transmissão e às consequentes perdas.

Nos últimos anos, têm sido feitos esforços para resolver este problema. Uma solução promissora é o sistema híbrido de alimentação microstrip e guia de ondas. No entanto, é necessário ter muito cuidado ao determinar o tamanho da alimentação corporativa para o subconjunto. Em [7], é proposto um conjunto de antenas planas alimentadas por guia de onda concebido para a radiodifusão direta por satélite em banda Ku para sistemas móveis. A Figura 2.4 apresenta um protótipo de uma rede de alimentação baseada em guia de ondas.

Apesar das vantagens das matrizes alimentadas por guias de onda, o seu tamanho e os custos de fabrico são frequentemente citados como as principais desvantagens desta abordagem.

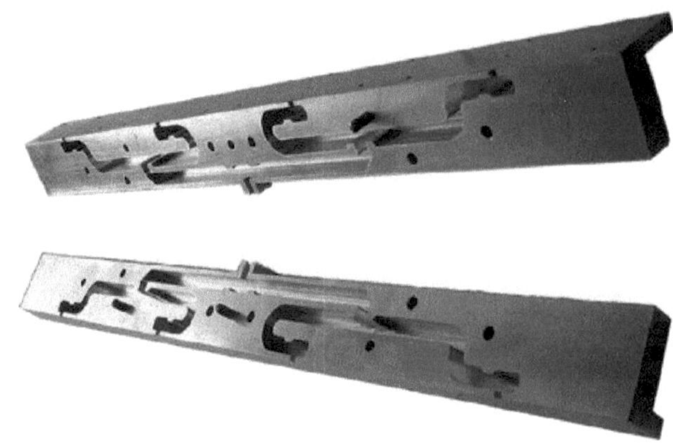

Figura 2.4: Uma rede de alimentação de guia de onda [38].

2.6 Estruturas de matriz diferentes

As matrizes podem ser classificadas em dois tipos: matrizes de lado largo e matrizes de fogo final. Nas matrizes de lado largo, a radiação máxima é dirigida perpendicularmente ao eixo da matriz. Uma das vantagens das matrizes de lado largo em relação às matrizes de extremo-fogo é o seu feixe orientável, que encontra aplicações em vários domínios, como os sistemas de radar. Em contrapartida, as matrizes de disparo final irradiam ao longo do eixo da matriz.

Outra categorização organiza as matrizes com base em sua excitação não uniforme, como as matrizes Binomial e Dolph-Tschebyscheff. As matrizes binomiais são frequentemente favorecidas pela sua capacidade de minimizar o nível do lóbulo lateral (SLL). Especificamente, as matrizes binomiais com espaçamentos entre elementos inferiores a meio comprimento de onda [27] não apresentam lóbulos menores, o que as torna adequadas para aplicações em que o SLL é crítico. No entanto, existem poucas expressões compactas disponíveis para o fator de matriz e a directividade de matrizes binomiais com espaçamentos diferentes de $\lambda/2$. O Capítulo 5 propõe um método para resolver esta limitação.

Por outro lado, as matrizes Dolph-Tschebyscheff são consideradas uma abordagem prática para a conceção de matrizes com lóbulos laterais mínimos. Dolph utilizou polinómios de Tschebyscheff para derivar coeficientes de excitação, determinando pesos óptimos para matrizes lineares e igualmente espaçadas. Este método, introduzido em 1946 [39], é conhecido como método Dolph-Tschebyscheff.

Para além das matrizes Binomial e Dolph-Tschebyscheff, que se baseiam em matrizes de amplitude linearmente espaçadas mas não uniformes, foram também propostas modificações baseadas em considerações geométricas. As primeiras investigações da década de 1960 sugeriam a melhoria do desempenho das matrizes através da otimização geométrica. De acordo com o estudo de Unz [32] em 1960, o desempenho da coluna poderia ser melhorado mantendo pesos constantes e ajustando as posições dos elementos. King [32], no mesmo ano, propôs a eliminação dos lóbulos da grelha através da otimização da colocação dos elementos. Em 1961, Harrington [40] explorou pequenas perturbações nos elementos para obter os padrões de matriz desejados. Stutzman [41] introduziu um método simples para o projeto de matrizes lineares com espaçamento não uniforme, utilizando a quadratura gaussiana. Recentemente, a otimização da geometria das matrizes foi também explorada utilizando algoritmos de inspiração biológica, como os algoritmos genéticos (AG).

3. <u>APLICAÇÃO DE ANTENAS EM COMUNICAÇÕES POR SATÉLITE</u>

O presente estudo centra-se na banda Ku, que abrange a gama de frequências de 1 GHz a 60 GHz e está especificamente afetada às comunicações comerciais por satélite [3].

3.1 Propriedades direccionais das antenas

Quando se considera uma distância fixa de uma fonte isotrópica, que forma uma esfera, a densidade de potência é uniformemente distribuída pela superfície da esfera, independentemente da direção. O cálculo da densidade de potência radiada sobre uma esfera de raio $\square r$ é determinado pela equação (3.1)[27].

$$W = \frac{p_{rad}}{4\pi r^2} \quad (W/m^2)$$
(3.1)

Aqui, W representa a densidade de potência à distância r da fonte isotrópica, e p_{rad} é a potência total irradiada.

Como indicado na equação (3.1), a densidade de potência a uma distância diminui em $1/r^2$ à medida que o ponto de receção se afasta da fonte. Por conseguinte, o principal desafio na conceção de antenas é maximizar a porção de energia que a antena transmissora fornece efetivamente ao recetor em comunicações de longo alcance. Isto levou ao desenvolvimento de antenas directivas para aumentar a abertura efectiva das antenas. A directividade de uma antena numa direção específica é definida como a relação entre a intensidade da radiação nessa direção e a intensidade média da radiação em todas as direcções, como mostra a equação (3.2) [27].

$$D(\theta, \phi) = \frac{U(\theta, \phi)}{\frac{p_{rad}}{4\pi}}$$
(3.2)

Aqui, $D(\theta, \square)$ representa a directividade numa direção específica, enquanto $U(\theta, \square)$ denota a intensidade da radiação nessa direção, definida como a potência radiada por unidade de ângulo sólido.

O ângulo sólido unitário, ou esterradiano, é definido como o ângulo sólido com vértice no centro de uma esfera de raio r, subtendido por uma superfície esférica equivalente à de um quadrado de dimensões $r \times r$. Adicionalmente, o elemento do ângulo sólido unitário para uma esfera, $\square\Omega$, é definido pela equação (3.3). Os ângulos $\square$ e ϕ estão representados na Figura 2.2, relativamente aos eixos z e x, respetivamente.

$$d\Omega = \sin\theta \ d\theta \ d\phi \tag{3.3}$$

De facto, a abertura efectiva de uma antena está ligada à sua directividade através da equação (3.4) [27]. À medida que a directividade aumenta, a eficiência da abertura também aumenta.

$$A_{eff} = \frac{\lambda^2}{4\pi} D \tag{3.4}$$

Aqui, A_{eff} representa a abertura efectiva da antena, λ é o comprimento de onda e D é a directividade da antena.

Para antenas parabólicas típicas, a eficiência varia normalmente entre 55% e 70%.

A utilização de antenas direccionais permite concentrar a energia em direcções específicas. Essencialmente, este parâmetro descreve a capacidade de uma antena para minimizar a interferência de direcções indesejadas. A Figura 3.1 ilustra um padrão de radiação de antena que apresenta um feixe principal, lóbulos laterais e um lóbulo posterior. Para comparação, o padrão uniforme de uma fonte isotrópica é sobreposto à escala do padrão da antena direcional.

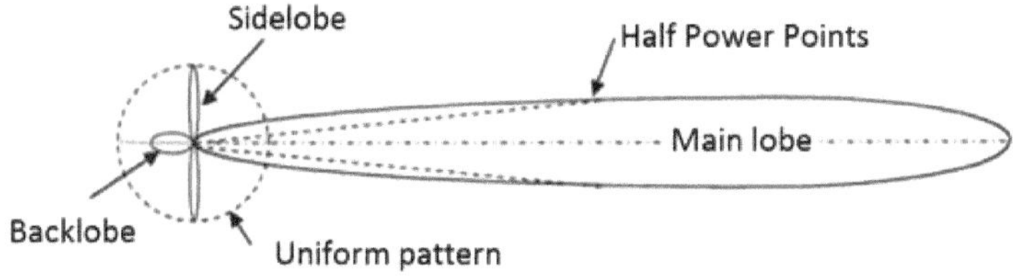

Figure 3.1 : Padrão de radiação de uma antena diretiva [3].

3.2 Largura de feixe e lóbulos laterais

A Largura do feixe de meia potência (HPBW) é a largura angular do feixe principal, medida entre os pontos em que a intensidade da potência é metade do valor de pico. Essencialmente, o ponto de meia potência corresponde a uma redução de 3 dB na directividade. Se a ligação de micro-ondas puder funcionar eficazmente com uma redução da intensidade do sinal de 3 dB, a HPBW determina o intervalo em que a antena ou o satélite podem ser posicionados. No entanto, recomenda-se que apenas seja tolerada uma redução de 0,5 dB na potência do sinal, o que requer um apontamento mais preciso da antena ou um controlo mais rigoroso da posição do satélite [3].

Na secção anterior, discutimos as vantagens das antenas directivas para comunicações de longo alcance. Para antenas de matriz plana, a directividade está associada à HPBW, como se mostra na equação (3.5)[27]. No entanto, esta aproximação só é verdadeira quando a intensidade dos lóbulos laterais ou menores é muito baixa.

$$D \approx \frac{32400}{\theta_1 \theta_2} \tag{3.5}$$

onde, θ_1 e θ_2 (em graus) são HPBW do padrão de radiação em dois planos perpendiculares.

Muitos projectos existentes centram-se no aumento da directividade, de acordo com a equação (3.5). Do mesmo modo, as abordagens propostas neste livro visam conceber antenas de matriz com um maior número de elementos para aumentar a directividade. No entanto, em determinadas aplicações, pode ser necessário gerar feixes muito estreitos para mitigar interferências indesejadas, sem necessariamente aumentar a directividade (reduzindo a SLL) com base na equação (3.5). Por exemplo, o método inovador abordado na secção 4.3 deste livro foi desenvolvido com o objetivo de obter feixes estreitos sem aumentar a directividade.

Os lóbulos laterais das antenas podem servir como fontes adicionais de interferência. O padrão de radiação de uma antena de 10 elementos em termos de directividade é ilustrado na Figura 3.2.

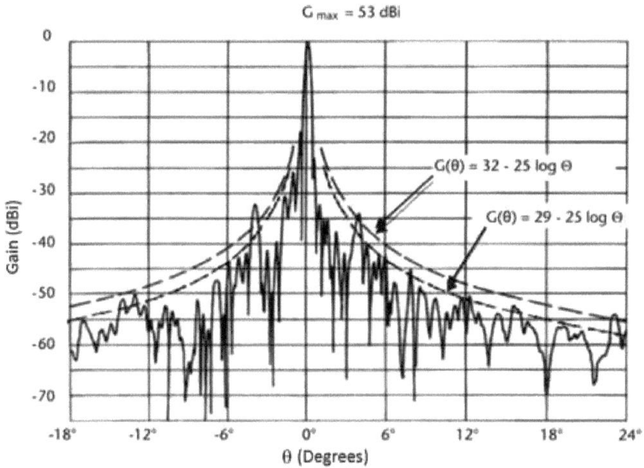

Figure 3.2 : Comparação do padrão de radiação de uma antena real de banda C de 10 elementos com a envolvente de lóbulos laterais da UIT [3].

Nas antenas de estações terrestres, os lóbulos laterais e os lóbulos posteriores são características fundamentais que podem causar interferências nos modos de transmissão e de receção. A figura 3.2 ilustra uma curva suave conhecida como envelope do lóbulo lateral, que especifica os níveis máximos do lóbulo lateral.

3.3 Isolamento

A caraterística diretiva de uma antena determina a sua eficiência na transmissão da potência do sinal desde a fonte até ao recetor. No entanto, tal como referido na secção anterior, os lóbulos laterais podem introduzir interferências, degradando potencialmente uma ligação devido a sinais na mesma frequência. Do mesmo modo, na transmissão, uma estação pode comprometer outros sistemas através da radiação de lóbulos laterais. Técnicas como a modelação do feixe, o cancelamento e a blindagem foram desenvolvidas para atenuar este problema. A interferência também pode ser gerida dentro de limites aceitáveis utilizando métodos naturais, como a separação geográfica ou angular/orbital, ou métodos artificiais, como a blindagem ou o cancelamento do feixe. Esta interferência representa um desafio significativo nas comunicações por satélite. No entanto, a utilização de antenas terrestres direccionais pode ajudar a focar um satélite específico, minimizando a interferência de satélites adjacentes. Como resultado, vários satélites podem operar dentro do arco geoestacionário na mesma banda de frequência, como ilustrado na Figura 3.3.

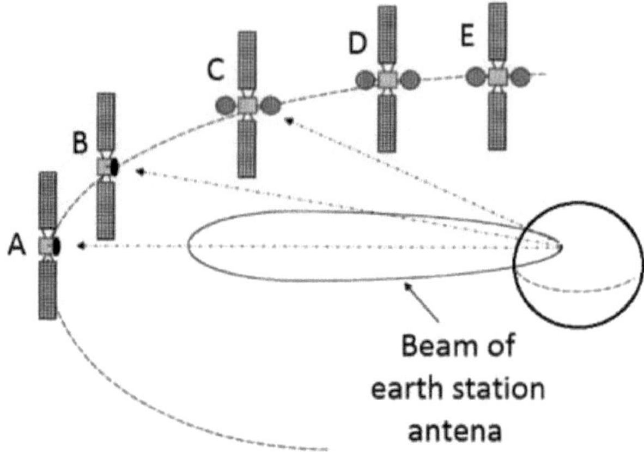

Figure 3.3 : Melhoria da utilização do arco GEO através da utilização de uma antena de estação terrestre com feixe estreito [3].

A envolvente do lobo lateral representada na figura 3.2 descreve a interferência potencial máxima que pode ocorrer na prática. A equação (3.5), adoptada pela União Internacional das Telecomunicações (UIT) como Recomendação S.465-5, estabelece uma norma para as antenas terrestres de maiores dimensões que funcionam nas bandas C e Ku. Esta equação especifica o ganho num ângulo específico fora do eixo em relação a um satélite potencialmente interferente (ou com interferência), como mostra a equação (3.6) [3].

$$G(\theta) \leq 29 - 25 \log_{10} \theta, \ dBi \tag{3.6}$$

Aqui, θ representa o ângulo de desvio entre a direção do feixe principal e a direção para o satélite interferente ou interferido, abrangendo ângulos de ±1 grau a ±37 graus.

3.4 Antenas de satélite

Embora as antenas reflectoras ofereçam uma eficiência de abertura significativa, as antenas de matriz são frequentemente preferidas devido às suas várias vantagens e aplicações, algumas das quais são detalhadas no Capítulo 2 deste livro. As antenas de arranjo permitem funcionalidades mais complexas, como direcionamento de feixe, modelagem de feixe e configuração de feixe. Ao selecionar a ponderação adequada dos elementos, é possível obter um feixe desejado, tornando as antenas de matriz uma solução eficaz para a supressão de interferências. Como resultado, as antenas de matriz têm várias vantagens sobre as antenas reflectoras e outros tipos.

A tecnologia microstrip é normalmente utilizada na conceção de antenas de satélite. Embora as antenas microstrip tenham um desempenho limitado e uma eficiência inferior, são frequentemente propostos conjuntos de antenas microstrip para aplicações em satélites, especialmente em projectos de estações receptoras. A utilização generalizada de antenas microstrip pode ser atribuída à sua natureza leve e à sua relação custo-eficácia. A título de exemplo, a Figura 3.4a [42] ilustra um subconjunto passivo de 4x4 elementos TX/RX de um grande conjunto de antenas concebido para a banda Ku.

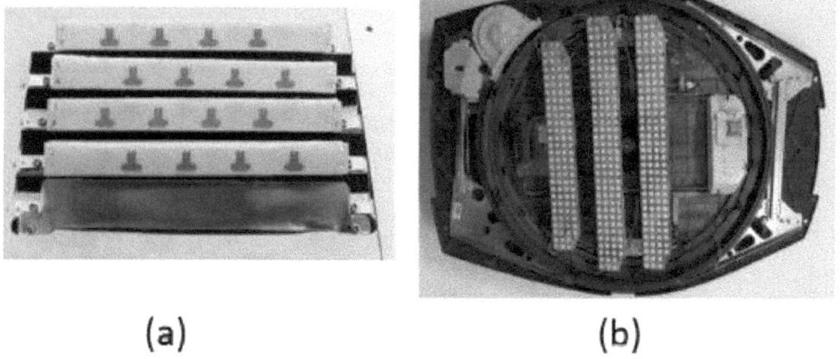

Figure 3.4 : Estruturas de matriz baseadas em tecnologia de microfita (a) uma subfaixa de uma antena de matriz maior concebida para a banda Ku [39] (b) antena de matriz Raysat para a banda KU no Laboratório de RF da Universidade Técnica de Istambul [43].

A antena foi concebida para ser de baixo perfil, tornando-a adequada para integração em pequenas aeronaves e veículos terrestres. A direção do feixe é obtida eletronicamente para os ângulos de elevação e polarização, enquanto a direção mecânica é utilizada para o varrimento em azimute. A figura 3.4b mostra uma matriz de maiores dimensões, com cerca de 512 elementos, composta por quatro sub-matrizes com direção mecânica em ambos os planos.

Além disso, as matrizes equipadas com redes de alimentação de guia de ondas têm atraído uma atenção significativa devido à sua elevada eficiência. A rede de guias de onda pode servir como rede de alimentação e como antena propriamente dita, com aberturas que operam na frequência desejada. A Figura 3.5[44] apresenta um exemplo típico de uma antena de matriz de guia de ondas com aberturas de ranhura concebida para a banda Ku.

Figure 3.5 : Protótipo de uma antena de matriz alimentada por guia de ondas para a banda KU[44].

4. <u>TRÊS NOVOS MÉTODOS DE CONCEPÇÃO DE ANTENAS DE MATRIZ</u>

Dependendo dos requisitos específicos da aplicação, é necessário melhorar as dimensões, a eficiência ou a largura do feixe de meia potência (HPBW) da antena. Embora vários projectos visem atingir estes objectivos, os métodos apresentados neste capítulo destacam-se pela sua simplicidade e rentabilidade na utilização e fabrico práticos. Estas melhorias são realizadas através de factores de matriz eficazes e elementos especializados.

A Secção 4.1 apresenta uma nova conceção que mantém as propriedades direccionais desejadas, ao mesmo tempo que apresenta uma abertura mais pequena em comparação com as concepções existentes. A secção 4.2 apresenta uma abordagem inovadora para a conceção de uma matriz com um número reduzido de elementos. Por último, a secção 4.3 apresenta uma nova técnica para obter uma largura de feixe mais estreita.

3.1 Novo design de antena de matriz com pequena abertura

Todos os projectos referenciados em [38] e [45-48] empregam o método convencional de conceção de agregados, utilizando um espaçamento de λ (ou dentro do intervalo de 0,7 λ a λ). Este espaçamento é escolhido independentemente das propriedades dos elementos individuais da antena para obter um lóbulo principal estreito e minimizar os lóbulos secundários e terciários. Este intervalo de espaçamento específico é também aprovado pela UIT em [49]. Em contrapartida, a abordagem apresentada nesta secção centra-se na otimização do fator de arranjo com base nas características de um elemento de antena especializado.

Capítulo 2, Figura 2.1 ilustra uma matriz com dois elementos ao longo do eixo z. Os factores de matriz normalizados para esta matriz com espaçamentos λ e $\lambda/2$ estão representados na Figura 4.1a e na Figura 4.1b, respetivamente. Os projectos de [38] e [45-48] utilizam o espaçamento λ para minimizar a largura do feixe para o lóbulo em $\theta=90°$, resultando em lóbulos laterais em $\theta=0°$ e $\theta=180°$, como se mostra na Figura 4.1a. Essencialmente, o aumento do espaçamento entre elementos de $\lambda/2$ para λ reduz o lóbulo principal do fator de matriz em $\theta=90°$. O elemento de feixe convencional, como ilustrado na Figura 4.1a, é utilizado com nulos em $\theta=0°$ e $\theta=180°$ para eliminar os lóbulos laterais do fator de arranjo.

Comparando a Figura 4.1a e a Figura 4.1b, o lóbulo principal do fator de matriz em $\theta=90°$ com espaçamento mais pequeno parece mais largo do que o lóbulo com espaçamento maior. No entanto, o fator de matriz da Figura 4.1b oferece a vantagem de um único lóbulo sem lóbulos laterais indesejados devido à sua forma inerente. Por conseguinte, a utilização de antenas de elementos altamente directivos com um lóbulo em θ=90°, juntamente com lóbulos laterais noutras direcções, pode obter a mesma directividade que os métodos convencionais, mas com um tamanho mais pequeno. Essencialmente, as formas do fator do elemento e do fator do conjunto nas concepções tradicionais (Figura 4.1a) diferem das desta abordagem (Figura 4.1b). A directividade das antenas de elementos convencionais com um único lóbulo, como na Figura 4.1a, pode ser aumentada até um certo limite. No entanto, pode ser possível conceber antenas de elementos com um lóbulo extremamente estreito em θ=90°, juntamente com quaisquer lóbulos indesejados noutras direcções (a cancelar utilizando matrizes com espaçamento λ/2), como mostra o fator de elemento na Figura 4.1b. Essencialmente, o fator do conjunto é adaptado às características do elemento de antena especializado [43].

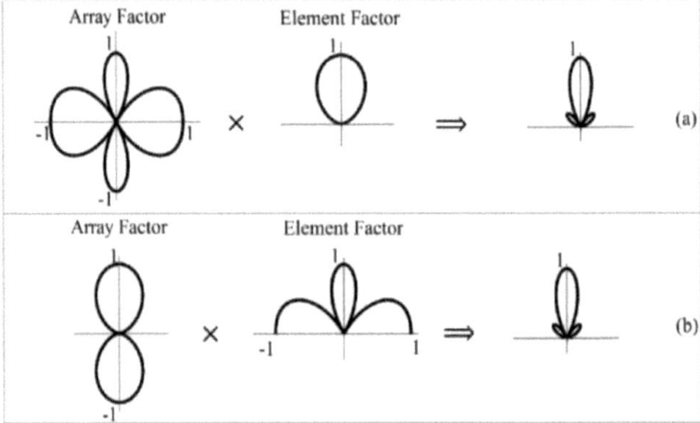

(a) Matriz de dois elementos com espaçamento de λ (b) Matriz de dois elementos com espaçamento de 0,5λ e utilizando um elemento especial.

A Figura 4.2 ilustra os padrões de radiação da antena apresentada em [50, 51], com e sem um elemento parasita no plano H.

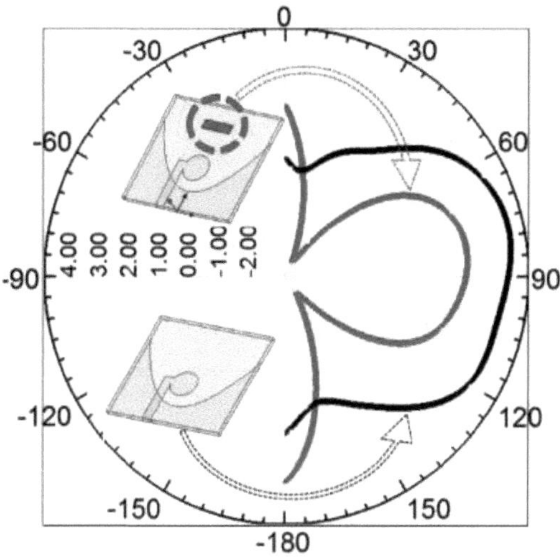

Padrão de radiação da antena do elemento proposto em [50, 51] com e sem o elemento parasita na frequência de 11 GHz.

O feixe da antena sem o elemento parasita apresenta um único lóbulo com seu pico em θ=90°, semelhante ao fator de elemento mostrado na Figura 4.1a. No entanto, quando a mesma antena inclui o elemento parasita, destacado em vermelho na Figura 4.2, o padrão do feixe muda. Aparecem dois lóbulos nulos em θ=30° e θ=150°, o lóbulo principal estreita-se em θ=90° e os lóbulos laterais em θ=0° e θ=180° expandem-se, semelhante ao fator de elemento representado na Figura 4.1b. Estes lóbulos laterais indesejáveis podem ser atenuados utilizando o fator de disposição mostrado na Figura 4.1b com espaçamento λ/2 [43].

A antena ilustrada na Figura 4.2 é uma versão modificada do projeto de [50, 51], adaptada para a banda Ku com dimensões menores. O ganho da antena é de 4,5 dBi sem o elemento parasita e de 3 dBi com o elemento parasita a θ=90°. A Figura 4.3 compara os projectos de conjuntos com espaçamentos λ/2 e λ, com e sem o elemento parasita, respetivamente, com base neste elemento de antena. No método convencional de espaçamento λ, o ganho aumenta de 4,5 dBi para 7 dBi. No entanto, usando a nova abordagem, o ganho melhora de 3dBi para 7,5dBi.

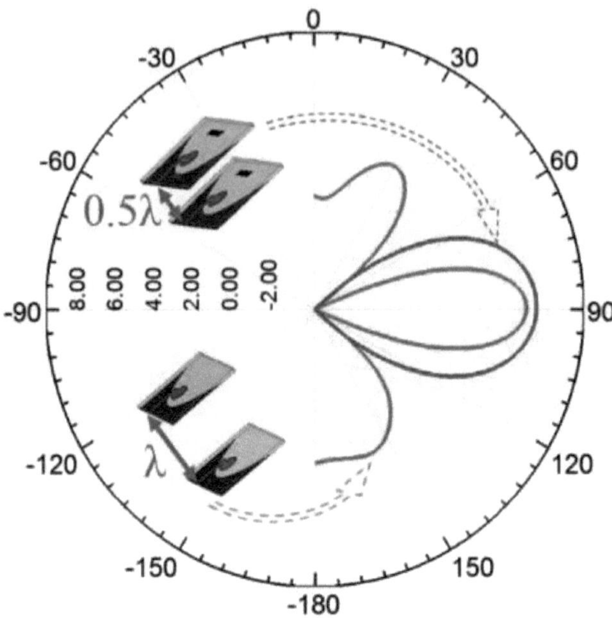

Figura 4.3: Padrão de radiação da matriz de dois elementos (antena de matriz de elementos proposta em [50, 51]) com e sem um elemento parasita com diferentes espaçamentos na frequência de 11 GHz.

A largura do feixe de meia potência (HPBW) do conjunto com espaçamento λ é mais estreita do que a do conjunto com espaçamento λ/2, principalmente porque a antena com o elemento parasita não apresenta as propriedades de radiação ideais com um lóbulo muito estreito a θ=90°. No entanto, o aumento mais acentuado do ganho (4,5 dBi) utilizando o novo método em comparação com a abordagem convencional (2,5 dBi) valida a eficácia desta abordagem. O espaçamento na matriz mostrada na Figura 4.1b é metade do espaçamento da Figura 4.1a.

Esta metodologia também pode ser aplicada a matrizes de quatro elementos na fase seguinte. Só é possível obter melhorias semelhantes se a matriz de dois elementos tiver dois lóbulos laterais indesejados, que podem ser eliminados utilizando a técnica proposta. Consequentemente, as matrizes de dois elementos com espaçamento λ/2 apresentadas na Figura 4.3 podem ser vistas como antenas de novos elementos para conceber outra matriz de dois elementos (essencialmente quatro antenas físicas mas dois novos elementos) com um espaçamento de 2λ a partir do centro das antenas de novos elementos, como ilustrado na Figura 4.4c. No entanto, ambos os factores de matriz com espaçamentos de 2λ e λ resultam em lóbulos significativos a θ=0° (como demonstrado mais adiante na Figura 4.8 para uma matriz de 8 elementos, o que também se aplica à matriz de 2 elementos). Como resultado, o espaçamento pode ser ajustado de 2λ para um intervalo entre λ e 2λ, dependendo das propriedades do novo elemento da antena [43].

As simulações da matriz de quatro elementos com vários espaçamentos são apresentadas na Figura 4.4.

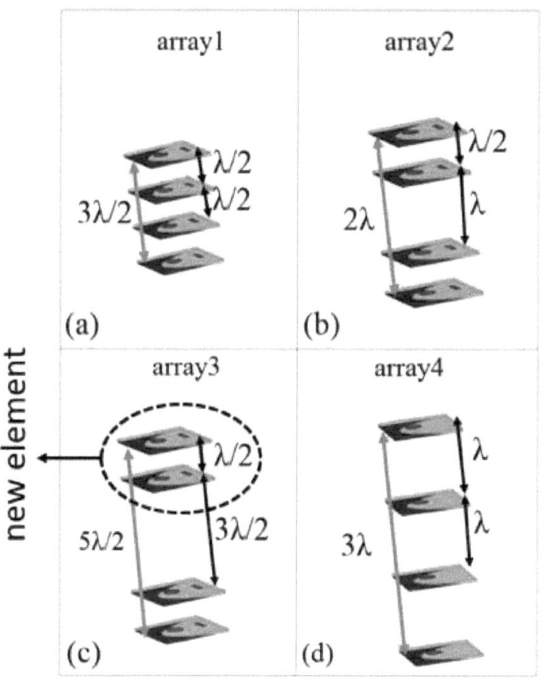

Figura 4.4: (a), (b) e (c) matrizes de quatro elementos com espaçamentos λ, 3λ/2 e 2λ, respetivamente, entre os centros das duas antenas de novos elementos, (d) matriz convencional de quatro elementos com espaçamento λ [43].

A Figura 4.4d mostra uma matriz de antena convencional de 4 elementos com espaçamento λ entre os elementos. As figuras 4.4a, 4.4b e 4.4c mostram vários conjuntos com diferentes espaçamentos entre os seus elementos. Nestas figuras, a matriz de dois elementos proposta (baseada na nova abordagem) da Figura 4.3 é tratada como a nova antena elementar.

Os padrões de radiação destas matrizes apresentados na Figura 4.4 são mostrados na Figura 4.5, especificamente no plano H a uma frequência de 11 GHz. A Largura do Feixe de Meia Potência (HPBW) e as dimensões de todas as matrizes estão detalhadas na Tabela 4.1.

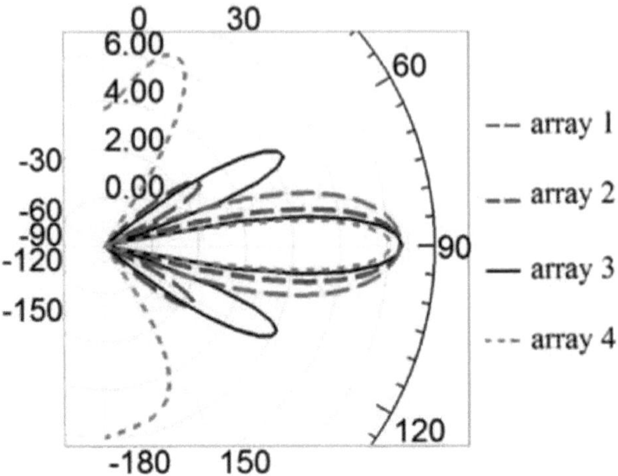

Figura 4.5: Padrão de radiação das antenas demonstradas na Figura 4.4, no plano H, na frequência de 11 GHz, simuladas no HFSS[43].

Table 4.1 : Características das vigas demonstradas na Figura 4.5 [43].

Estruturas de matriz	Tamanho (λ)	HPBW(graus)	Ganho (dBi)
Matriz1	1.5 λ	26°	10.5
Matriz2	2.0 λ	18°	10.5
Matriz3	2.5 λ	14°	10.6
Matriz4	3.0 λ	13°	10.2

Na Tabela 4.1, as matrizes 2 e 3 apresentam valores de HPBW desejáveis em comparação com o valor de 13° obtido pela matriz 4, especialmente tendo em conta os seus tamanhos de abertura mais pequenos. No entanto, a largura do feixe poderia ser melhorada empregando uma antena de elemento especial ainda mais optimizada. Embora duas estruturas de antena semelhantes tenham sido usadas para manter a consistência deste estudo, o emprego de um elemento especial mais ideal provavelmente produziria resultados ainda melhores.

3.2 Novo projeto de antena de matriz com um número reduzido de elementos

As antenas de matriz altamente directivas com um grande número de elementos são desenvolvidas para atingir uma elevada directividade e minimizar os lóbulos laterais. A tecnologia microstrip tem sido amplamente investigada para projectos de antenas de matriz, apesar das suas desvantagens de perdas dieléctricas e óhmicas na rede de alimentação [6,7]. Além disso, a utilização de um grande número de divisores de potência pode aumentar as perdas de inserção ou de isolamento [8,9]. Assim, tem havido uma investigação significativa no sentido de otimizar a rede de alimentação de grandes matrizes através do encurtamento das linhas de tira ou da redução do número de divisores de potência. Embora tenham sido propostos sistemas de rede alimentados em série para reduzir o número de divisores de potência, esta não é uma solução ideal. Do mesmo modo, a alimentação por guia de ondas [12,13] não é económica. Nesta secção, é apresentada uma nova abordagem para reduzir o número de elementos e, consequentemente, minimizar o número de divisores de potência.

A maioria dos projectos existentes, como os de [38] e [45-48], utiliza um espaçamento entre elementos igual ou inferior a λ para mitigar os problemas com lóbulos menores. No entanto, as matrizes baseadas em elementos directivos, tal como discutido em [52], podem ser concebidas com um número reduzido de elementos e um espaçamento maior do que λ, obtendo a mesma largura de feixe de meia potência (HPBW) que as matrizes com espaçamento λ. Esta abordagem de conceção pode reduzir o número de divisores de potência necessários [43].

Considere uma matriz linear de N elementos com espaçamento d ao longo do eixo z, como ilustrado na Figura 4.6. Nesta figura, é apresentado um número ímpar de elementos e o ponto de referência é tomado no centro físico da matriz.

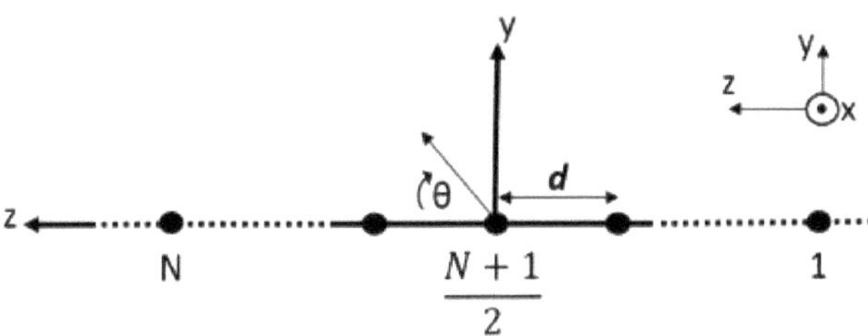

Figura 4.6: Matriz linear uniforme de N elementos.

Então, o fator de matriz normalizado de N elementos igualmente espaçados (pares ou ímpares) com excitação uniforme e unitária pode ser escrito como (4.1) [27] [43].

$$AF_N(\theta) = \frac{1}{N} \sum_{n=0}^{(N-1)} e^{j\left[n-\left(\frac{N-1}{2}\right)\right]\psi}$$

(4.1)

onde:

$$\psi = k \cdot d \cdot \cos\theta + \beta$$

(4.1a)

$k\left(\frac{2\pi}{\lambda}\right)$ representa o número de onda, enquanto d e β (que se assume ser zero neste livro) denotam o espaçamento entre os elementos e a mudança de fase progressiva, respetivamente. A distribuição da abertura ao longo do eixo Z para elementos discretos pode ser expressa como (4.2).

$$I_N(z) = \sum_{n=0}^{(N-1)} \delta(z - \left[n - \left(\frac{N-1}{2}\right)\right]d)$$

(4.2)

onde:

$$\delta(z) = \begin{cases} 1 & z = 0 \\ 0 & z \neq 0 \end{cases}$$

(4.2a)

O valor de $\delta(z)$ em z=0 é fixado em 1, servindo como valor representativo da sua área (valor normalizado) [53]. A equação (4.1) engloba expressões para cada um dos elementos da matriz fatorial. A conversão de (4.1) para um formato de multiplicação reduz o número destas expressões, simplificando a análise do fator de matriz. Para tal, a transformada de Fourier revela-se um método eficaz. Dado que o fator de matriz se relaciona com a distribuição da abertura através de uma transformada de Fourier inversa [27,54,55], uma transformada de Fourier direta pode derivar a distribuição da abertura para um fator de matriz adequadamente definido. É evidente que o fator de matriz em (4.1) corresponde formalmente à transformada inversa de Fourier da distribuição de abertura em (4.2). Utilizando a propriedade de multiplicação da transformada de Fourier [53], se uma distribuição de abertura for representada como uma convolução de expressões menores, o fator de matriz pode ser expresso como a multiplicação dos factores de matriz menores correspondentes a essas expressões [43]. Por exemplo, considere-se uma matriz linear de 8 elementos. A distribuição de abertura, denotada por I no eixo Z, pode ser ilustrada de forma semelhante à Figura 4.7 [43].

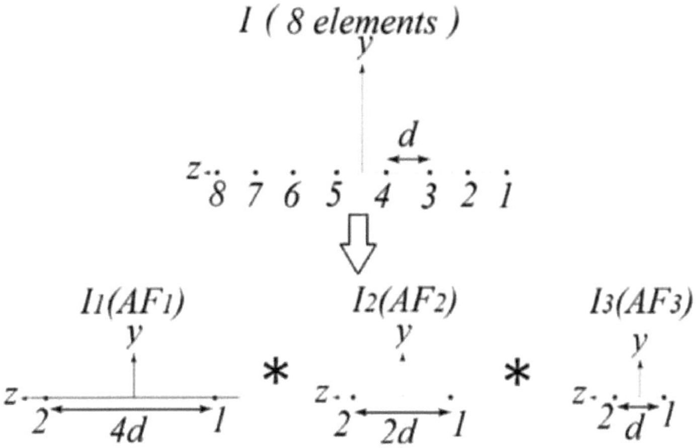

Figura 4.7: Distribuição de uma matriz linear de 8 elementos sob a forma de duas convoluções de componentes menores I_1 , I_2 e I_3 [43].

Considerando a propriedade de deslocação da convolução de uma função hipotética $f(z)$ com $\delta(z)$ como em (4.3) [43] [53],

$$f(z) * \delta(z - z_0) = f(z - z_0) \tag{4.3}$$

e tendo em conta esse facto:

$$\delta(z \pm z_0) = \delta(z + z_0) + \delta(z - z_0) \tag{4.3a}$$

A precisão das convoluções da Figura 4.7 é demonstrada em (4.4).

$$I_1 * I_2 * I_3 = \delta(z \pm 2d) * \left[\delta(z \pm d) * \delta\left(z \pm \frac{d}{2}\right)\right] = \tag{4.4}$$

$$\delta\left(z \pm \frac{d}{2}\right) + \delta\left(z \pm \frac{3d}{2}\right) + \delta\left(z \pm \frac{5d}{2}\right) + \delta\left(z \pm \frac{7d}{2}\right) = I_{8-\text{elements}}$$

onde,

$$\begin{cases} I_1 = \delta(z \pm 2d) \\ I_2 = \delta(z \pm d) \\ I_3 = \delta\left(z \pm \frac{d}{2}\right) \end{cases} \tag{4.4a}$$

Então, o fator de matriz normalizado para a matriz mostrada na Figura 4.7 pode ser escrito como (4.5).

Além disso, cada um dos factores de matriz menor AF_1 , AF_2 e AF_3 baseia-se em (4.1).

$$AF = (AF_1) \cdot (AF_2) \cdot (AF_3) = \tag{4.5}$$

$$\left[\cos\left(4\pi\frac{d}{\lambda}\cos\theta\right)\right] \cdot \left[\cos\left(2\pi\frac{d}{\lambda}\cos\theta\right)\right] \cdot \left[\cos\left(\pi\frac{d}{\lambda}\cos\theta\right)\right]$$

O fator de matriz apresentado em (4.5) com diferentes espaçamentos de elementos, d, é ilustrado na Figura 4.8. medida que o espaçamento entre elementos aumenta na Figura 4.8, o lóbulo principal em $\theta=90°$ torna-se mais estreito. Os valores da largura do feixe de meia potência (HPBW) para matrizes com o mesmo comprimento de abertura, mas com diferentes números de elementos e espaçamentos, confirmam que o comprimento da abertura é o principal fator que determina a HPBW. Este conhecimento pode ser aproveitado para reduzir o número de elementos interiores numa matriz. No entanto, tal como se mostra na Figura 4.8, aparecem lóbulos adicionais ao lado do lóbulo principal em $\theta=90°$ quando se utilizam espaçamentos de elementos superiores a λ. Essencialmente, estes lóbulos adicionais são criados pela eliminação de elementos adjacentes. Estes lóbulos laterais indesejáveis podem ser atenuados através da utilização de elementos direccionais.

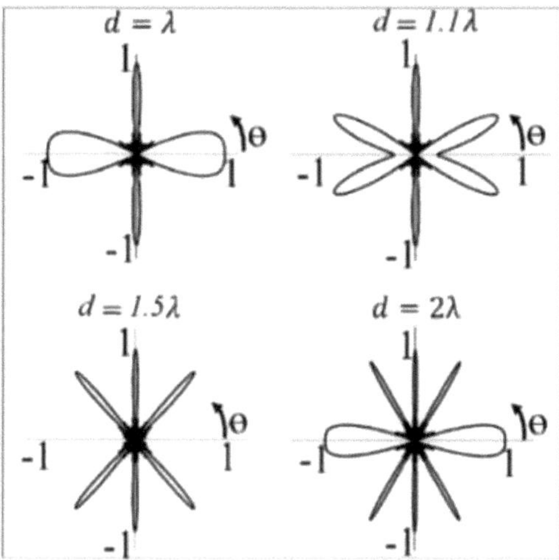

Figura 4.8: Fator de matriz da matriz de dois elementos com diferentes espaçamentos d [43].

Para ilustrar a abordagem mais claramente, comparamos duas matrizes: uma com 8 elementos e um espaçamento de 2λ, e outra com 16 elementos e um espaçamento de λ. A distribuição da abertura para a matriz de 16 elementos com espaçamento λ é mostrada na Figura 4.9, semelhante à matriz representada na Figura 4.7[43].

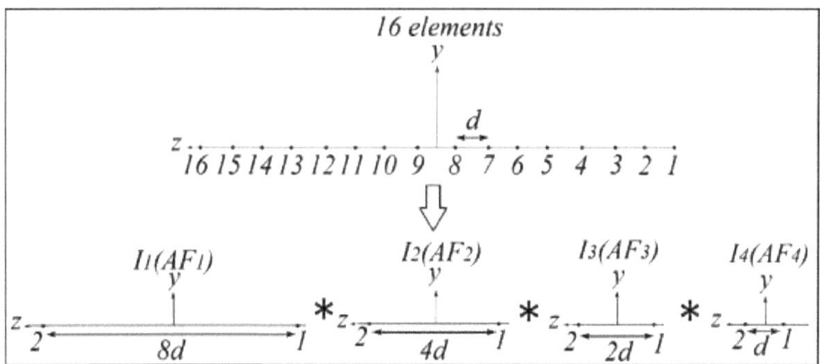

Figura 4.9: Distribuição da matriz linear de 16 elementos sob a forma de três convoluções de componentes menores I_1 , I_2 , I_3 e I_4 [43].

Por conseguinte, o fator de matriz para a matriz da Figura 4.9 é apresentado por (4.6).

$$AF = (AF_1) . (AF_2) . (AF_3). (AF_4) = \qquad (4.6)$$

$$\left[\cos\left(8\pi\frac{d}{\lambda}\cos\theta\right)\right] . \left[\cos\left(4\pi\frac{d}{\lambda}\cos\theta\right)\right].$$

$$\left[\cos\left(2\pi\frac{d}{\lambda}\cos\theta\right)\right] . \left[\cos\left(\pi\frac{d}{\lambda}\cos\theta\right)\right]$$

Em seguida, o fator de matriz para 8 elementos com um espaçamento de 2λ pode ser representado utilizando a equação (4.6), mas sem o componente (AF_4). Os factores de matriz correspondentes a cada elemento, (AF_1), (AF_2) , (AF_3) e (AF_4) são mostrados na Figura 4.10. Multiplicando estas componentes com e sem AF_4, obtêm-se os factores de arranjo para as matrizes de 16 elementos (com espaçamento λ) e 8 elementos (com espaçamento 2λ), respetivamente [43].

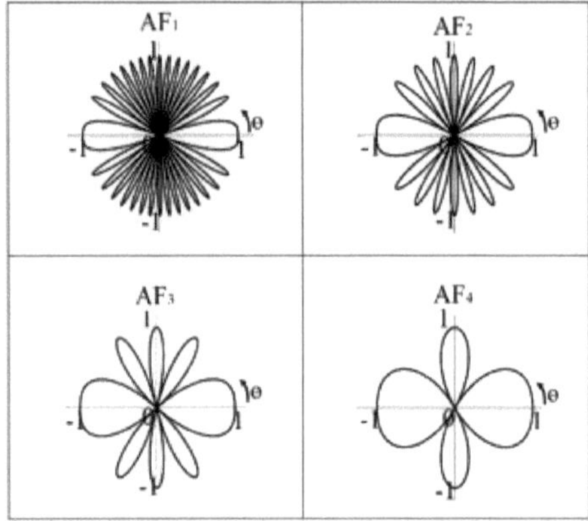

Figura 4.10: Factores de matriz correspondentes a I_1 , I_2 , I_3 e I_4 indicados na Figura 4.9 [43].

As multiplicações correspondentes destes elementos são ilustradas na Figura 4.11 para realçar o impacto dos elementos adjacentes no fator da matriz.

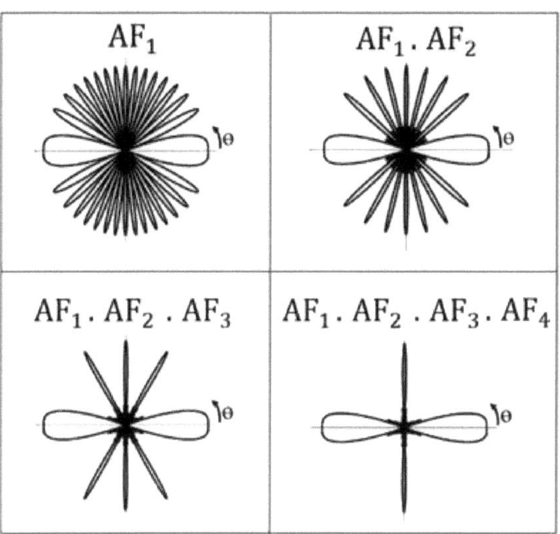

Figura 4.11: Multiplicação respetiva dos elementos menores da distribuição de 16 elementos demonstrada na Figura 4.9 [43].

A partir da Figura 4.11, é evidente que a incorporação de elementos adicionais entre os elementos amplamente espaçados ajuda a eliminar lóbulos indesejados, como se vê na transição de (AF_1) para $(AF_1).(AF_2).(AF_3).(AF_4)$. Ao multiplicar $AF_2 . AF_3$ para AF_1, todos os lóbulos indesejados são eliminados, exceto o que ocorre em $\theta=60°$, como mostra a Figura 4.11. Subsequentemente, a multiplicação com AF_4 remove todos os lóbulos menores, como se mostra na mesma figura. Assim, o papel principal destes elementos adicionais é eliminar os lóbulos indesejados [43].

As larguras do feixe de meia potência (HPBW) para os lobos principais destes factores de matriz menores, como se mostra na figura 4.10, são apresentadas na tabela 4.2. Estes valores confirmam um alargamento consistente do lobo principal de AF_1 para AF_4. A HPBW significativamente maior de 28,96° para AF_4 em comparação com 3,58° para AF_1 sugere que o feixe de AF_4 é suficientemente largo, tornando insignificante qualquer melhoria da HPBW resultante da multiplicação de AF_1 com AF_4. Isto é ainda apoiado pela comparação das intensidades normalizadas destes factores de matriz menores [43].

As intensidades destes factores de matriz em $\theta=88,21°$ (θ_3dB para AF_1) são comparadas na Tabela 4.3 e ilustradas na Figura 4.12a. Estes valores atingem um valor constante de 1 de AF_3 para AF_4 após um aumento acentuado de AF_1 para AF_3. Assim, a multiplicação de AF_4 pela

intensidade normalizada de aproximadamente 1 em θ=88,21° (θ_3dB para AF_1) não melhora
a HPBW de AF_1 [43].

Table 4.2 : HPBW do lóbulo principal de factores de matriz menores demonstrados
na Figura 4.10 [43].

Factores de matriz	HPBW(graus)
AF_1	3.58
AF_2	7.14
AF_3	14.38
AF_4	28.96

Table 4.3 : Intensidade normalizada de factores de matriz menores demonstrada na
Figura 4.10 em $\theta = 88.21$ (θ_{3dB} para AF1) graus [43].

Factores de matriz	Intensidade normalizada
AF_1	0.707
AF_2	0.9231
AF_3	0.9806
AF_4	0.9951

Como resultado, convoluindo a matriz distribuída por $I_1 * I_2 * I_3$ (uma matriz de 8 elementos
com espaçamento de 2λ) com I_4, ou adicionando mais elementos entre os distribuídos por $I_1 *
I_2 * I_3$ não melhora o HPBW. Este facto é comprovado pelos dados da Tabela 4.4, que mostra
os valores de HPBW após as respectivas multiplicações dos factores de matriz menores. Na
Figura 4.12b e na Tabela 4.4, há um declínio notável no valor de HPBW de 3,582° em AF1
para 3,154° em $(AF_1).(AF_2).(AF_3)$. Subsequentemente, estabiliza em torno de um valor
aproximadamente constante, variando de 3,154° a 3,142° [43].

Essencialmente, os valores HPBW de 3,142° e 3,154° para matrizes com e sem AF_4 ,
respetivamente, na Tabela 4.4, indicam que o HPBW de uma matriz de 16 elementos com
espaçamento λ não é significativamente diferente do de uma matriz de 8 elementos com
espaçamento 2λ. É importante notar que a melhoria notável (queda rápida na Figura 4.12b)

nos valores de HPBW quando se convolve I_2 com I_1 ou se multiplica (AF_2) para (AF_1) é principalmente devido ao aumento do tamanho da matriz. Embora estes elementos adicionais possam melhorar o feixe de ganho eliminando os lóbulos laterais, a utilização de um elemento altamente diretivo que remova os lóbulos laterais indesejados anularia a necessidade destes elementos adicionais [43].

Table 4.4 : A HPBW do lóbulo principal dos factores da matriz é demonstrada na Figura 4.11[43].

Factores de matriz	HPBW(graus)
(AF_1)	3.582
$AF_{12} = (AF_1).(AF_2)$	3.224
$AF_{123} = (AF_1).(AF_2).(AF_3)$	3.154
$AF_{1234} = (AF_1).(AF_2).(AF_3).(AF_4)$	3.142

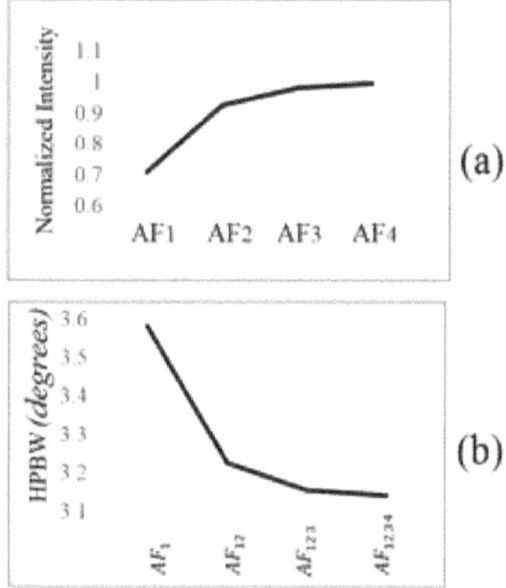

Figura 4.12 (a) Intensidade normalizada de AF's em $\theta = 88.21$ (θ_{3dB} para AF1), (b) variedade de HPBW através do entrelaçamento de elementos adicionais [43].

É evidente que AF1 e AF2 influenciam principalmente a HPBW do lóbulo principal, enquanto AF3 e AF4 desempenham um papel fundamental na supressão dos lóbulos menores. Consequentemente, a função do AF4 na supressão do lóbulo lateral pode ser substituída pela utilização de um elemento diretivo. Este elemento diretivo deve apresentar características de radiação semelhantes às do AF4 para obter resultados comparáveis, incidindo apenas no lóbulo principal em $\theta=90°$. A direção do lóbulo lateral (na ausência de AF4) está em $\theta=60°$, mudando de $\theta=0°$ para $\theta=60°$ à medida que o espaçamento do elemento aumenta de λ para 2λ. Por conseguinte, o feixe do elemento deve apresentar um valor nulo nesta mesma direção $\theta=60°$. Várias antenas altamente direccionais, como as descritas em [43], podem servir este propósito.

Consequentemente, a matriz pode ser projectada com um espaçamento de 2λ ou mais para minimizar o número de elementos. O espaçamento ótimo entre elementos alinha-se com a direção em que o lóbulo menor atinge um valor nulo no feixe do elemento. Foi construído e testado um protótipo de um conjunto de antenas com base nos resultados desta secção, tal como descrito na Secção 4.4.

3.3 Novo projeto de antena de matriz não linear com largura de feixe estreita

Nas comunicações por satélite, uma largura de feixe estreita é crucial para atenuar as interferências dos satélites vizinhos. Em alguns cenários, a largura do feixe desempenha um papel mais crítico na interferência do que o SLL (Side Lobe Level). Por conseguinte, a otimização da largura do feixe da antena, mesmo que resulte numa redução da directividade, pode ser eficaz.

A secção 4.2 mostra que o fator HPBW do conjunto é influenciado principalmente por distribuições maiores, I1 e I2, que representam o comprimento de abertura do conjunto. Especificamente, os elementos nas extremidades do conjunto têm o impacto mais significativo. Uma análise mais aprofundada confirmou que os elementos interiores adicionais contribuem principalmente para reduzir os lóbulos laterais indesejados. Estas observações inspiraram a conceção da nova matriz não linear.

A Figura 4.12 indica que a adição de elementos correspondentes a I3 e I4 não melhora significativamente o HPBW. Uma vez que o HPBW é determinado principalmente por I1 (relacionado com AF1), o método não linear envolve o aumento do tamanho do componente menor, I1. A convolução destes outros componentes com o I1 maior produz uma distribuição óptima da abertura, empurrando os elementos interiores menos eficientes para as extremidades da matriz.

Para uma comparação justa com uma matriz linear, considere-se a matriz linear apresentada na Figura 4.13a, constituída por 8 elementos com espaçamento d. A Figura 4.13b apresenta uma matriz não linear da mesma dimensão, enquanto a Figura 4.13c ilustra esta matriz não linear com duas convoluções de elementos menores. Na Figura 4.13b, d1 (relacionado com I1) é escolhido para ser maior do que d na matriz linear, aumentando a densidade de elementos nas extremidades da matriz. No entanto, d2 e d3, correspondentes a I2 e I3, têm de ser optimizados para garantir que as dimensões das matrizes linear e não linear coincidem. Embora o aumento do espaçamento para I1 reduza o espaçamento em I2, a melhoria em HPBW devido ao aumento de I1 supera a diminuição em HPBW devido à redução de I2.

Para simplificar os cálculos, d3 é definido igual a d2. Assim, os espaçamentos entre elementos para os elementos menores I2 e I3 são 2d2 e d2, respetivamente. A distribuição da abertura da matriz pode ser representada na forma de convolução, como mostra a Figura 4.13c, de acordo com a Secção 4.2 [43].

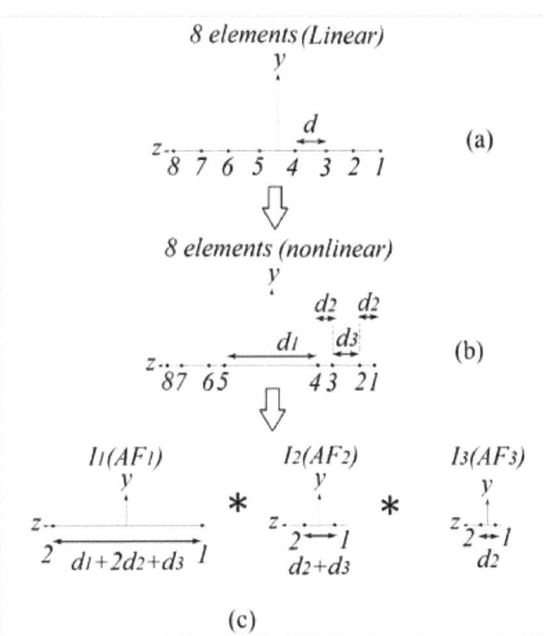

Figura 4.13: Distribuição da abertura de uma matriz linear e não linear de 8 elementos [43].

As dimensões das matrizes lineares e não lineares são as mesmas que em (4.7).

$$d_1 + 6d_2 = 7d = 7\lambda \tag{4.7}$$

Tal como na secção 4.2, para a matriz não linear da Figura 4.13b, o fator de matriz pode ser escrito como (4.8) [43].

$$AF = (AF_1).(AF_2).(AF_3) = \tag{4.8}$$

$$\left[\cos\left(\pi\frac{d_1 + 3d_2}{\lambda}\cos\theta\right)\right].\left[\cos\left(2\pi\frac{d_2}{\lambda}\cos\theta\right)\right].\left[\cos\left(\pi\frac{d_2}{\lambda}\cos\theta\right)\right]$$

Substituindo $d_1 + 3d_2 = 7\lambda - 3d_2$ em (4.7) e $\acute{d}_2 = \frac{d_2}{\lambda}$, (4.8) pode ser simplificada como (4.9).

$$AF = (AF_1).(AF_2).(AF_3) = \tag{4.9}$$

$$[\cos(\pi(7 - 3\acute{d}_2)\cos\theta)].[\cos(2\pi\acute{d}_2\cos\theta)].[\cos(\pi\acute{d}_2\cos\theta)]$$

A equação (4.9) pode ser reformulada como uma função que envolve os parâmetros $\acute{d}_2$ e θ, que representam as propriedades do fator da matriz. Podem ser utilizadas duas abordagens para identificar um valor ótimo para $\acute{d}_2$ para obter um feixe mais estreito ou uma HPBW mínima. No primeiro método, substituindo a intensidade normalizada do fator de matriz correspondente a HPBW em (4.9) por AF=0,707, (4.9) pode ser reorganizada para exprimir θ_{3dB} (o primeiro valor de θ correspondente a HPBW) em função de um único parâmetro $\acute{d}_2$ como ilustrado em (4.10) [43].

$$\theta_{3dB}(\acute{d}_2) = f(\acute{d}_2) \tag{4.10}$$

Depois, aplicando (4.11),

$$\frac{d\theta_{3dB}}{d\,(\acute{d}_2)} = 0 \tag{4.11}$$

O valor ótimo para $\acute{d}_2$ que corresponde ao HPBW mínimo, pode ser determinado utilizando este método. No entanto, esta abordagem tem as suas limitações. Por conseguinte, são utilizadas avaliações numéricas de (4.9) para uma análise mais aprofundada. A Figura 4.14 ilustra o HPBW da viga principal para vários valores de $\acute{d}_2$ demonstrando uma redução consistente do HPBW com a diminuição do valor de $\acute{d}_2$ Enquanto uma diminuição de $\acute{d}_2$ conduz a uma redução contínua do HPBW da antena, as restrições práticas exigem a sua determinação dentro de um intervalo específico. Assim, factores como as dimensões dos elementos individuais e o acoplamento entre elementos adjacentes também devem ser considerados na determinação do HPBW. $\acute{d}_2$ [43].

Uma desvantagem significativa deste método é a ocorrência de lóbulos laterais pronunciados para valores mais pequenos de $\acute{d}_2$. Tal como referido na Secção 4.2, a utilização de uma antena direcional pode ajudar a controlar estes lóbulos laterais. No entanto, é crucial manter estes lóbulos laterais a um nível aceitável. O fator de matriz para a matriz não linear com ($\acute{d}_2$ =0,7)$'$ é comparado com o de uma matriz linear na Figura 4.15[43].

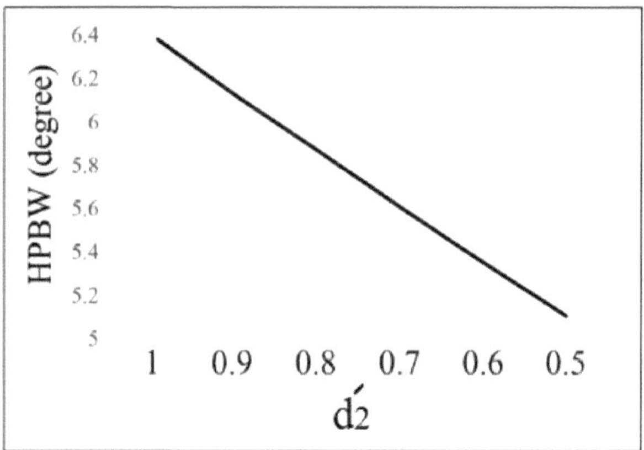

Figura 4.14: HPBW da matriz versus $\acute{d}_2$ ($\acute{d}_2$ é posicionado inversamente para demonstrar os valores de HPBW com o aumento de d1, cujo valor aumenta inversamente com a redução de $\acute{d}_2$) [43].

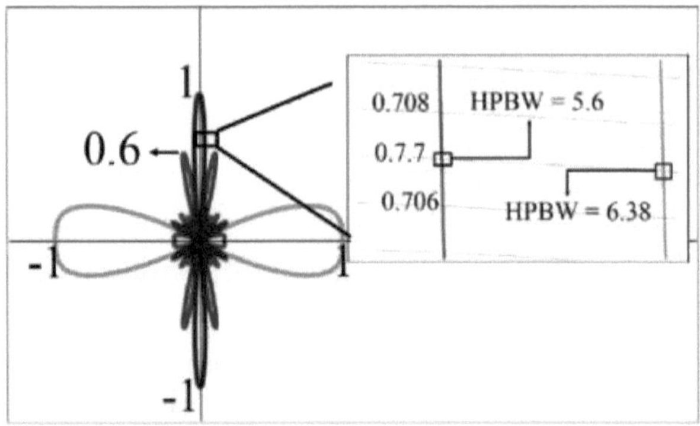

Figura 4.15: Fator de matriz para matriz linear (vermelho) e não linear com $\acute{d}_2$=0,7 (preto) [43].

A HPBW na Figura 4.15 foi melhorada de 6,38° para 5,6°. No entanto, a intensidade normalizada de 0,6 para os lóbulos laterais do fator de conjunto representado na Figura 4.15 não é ideal. A intensidade normalizada do fator de arranjo, distribuída pela equação (4.9) de θ=0° a θ=180°, é apresentada na Figura 4.16 à medida que $\acute{d}_2$ aumenta de 0 para 1 [43].

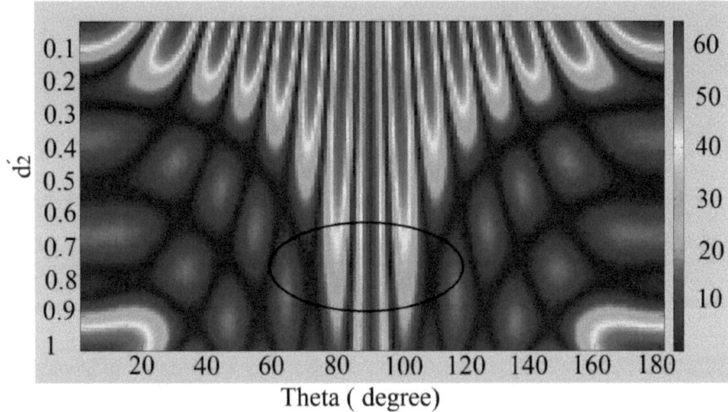

Figura 4.16: Intensidade normalizada do fator de matriz não linear em diferentes valores de $\acute{d}_2$ ($\acute{d}_2$ está inversamente posicionado para demonstrar as intensidades com o aumento de $d1$ cujo valor aumenta inversamente com a redução de $\acute{d}_2$) [43].

A largura do feixe estreita-se em θ=90° à medida que $\acute{d}_2$ diminui de 1 para 0. Para valores de $\acute{d}_2$ inferiores a 0,4, aparecem lóbulos laterais múltiplos na gama de θ=0° a θ=180°. Com $\acute{d}_2$=1, apenas dois lóbulos laterais estão presentes em θ=0° e θ=180°, o que é consistente com a matriz linear. A região destacada ($0.7 \ll d́_2 \ll 0{,}95$) representa um intervalo ótimo para $d́_2$ na matriz não linear com lóbulos laterais controlados. Enquanto o fator HPBW do conjunto diminui consistentemente com a diminuição da $d́_2$ um valor ótimo ou mínimo para $d́_2$ é atingido quando a HPBW do padrão de ganho começa a aumentar devido a lóbulos laterais significativos. Este valor é também influenciado pelas características direccionais do elemento individual. Em aplicações práticas como as comunicações por satélite, o aumento da HPBW do padrão de ganho ou de radiação pode ser conseguido utilizando $d́_2$ na gama de $0.9 \ll d́_2 \ll 0.99$ com um aumento mínimo dos níveis dos lóbulos laterais.

Nas Figuras 4.15 e 4.16, a redução de $d́_2$ aproxima os dois maiores lóbulos laterais do lóbulo principal. A determinação de um valor ótimo para $d́_2$ deve ter em conta as características do elemento individual e a aplicação específica para minimizar o aumento dos lóbulos laterais. Como solução alternativa para esta questão, (4.9) pode ser reformulada como (4.12), introduzindo dois parâmetros adicionais, k1 e k2.

$$AF = (AF_1).(AF_2).(AF_3) = \qquad\qquad (4.12)$$
$$\left[\cos\big(\pi(7 - 3d́_2)\cos\theta\big)\right].\left[\cos\big(k_1\pi d́_2\cos\theta\big)\right].\left[\cos\big(k_2\pi d́_2\cos\theta\big)\right]$$

O conceito subjacente à equação (4.12) baseia-se nos princípios discutidos na secção anterior, ajustando especificamente as posições dos elementos interiores para influenciar os lóbulos menores. Essencialmente, os parâmetros k1 e k2 definem o espaçamento ótimo para I2 e I3, correspondente a AF2 e AF3, para remodelar os lóbulos laterais indesejados. Os valores ideais para k1 e k2 são identificados como 3 e 1,5, respetivamente, e os espaçamentos dos elementos resultantes são ilustrados na Figura 4.17.

As dimensões finais desta matriz ascendem a $8{,}05\lambda$, excedendo as da matriz linear. Essencialmente, esta conceção aproveita as vantagens dos conceitos explorados nesta secção e na secção 4.2, especificamente uma matriz não linear com espaçamentos superiores a λ.

A Figura 4.18 contrasta dois modelos não lineares baseados nas equações (4.9) e (4.12). A intensidade normalizada dos lóbulos laterais perto do lóbulo principal cai significativamente de 0,6 para 0,33. Em termos da gama de ganho logarítmico, este valor de 0,33 corresponde a cerca de -10 dB. Além disso, é evidente que o lóbulo lateral maior se desloca de $\theta=79{,}53°$ para $\theta=32{,}44°$, o que pode ser eliminado utilizando um elemento direcional [43].

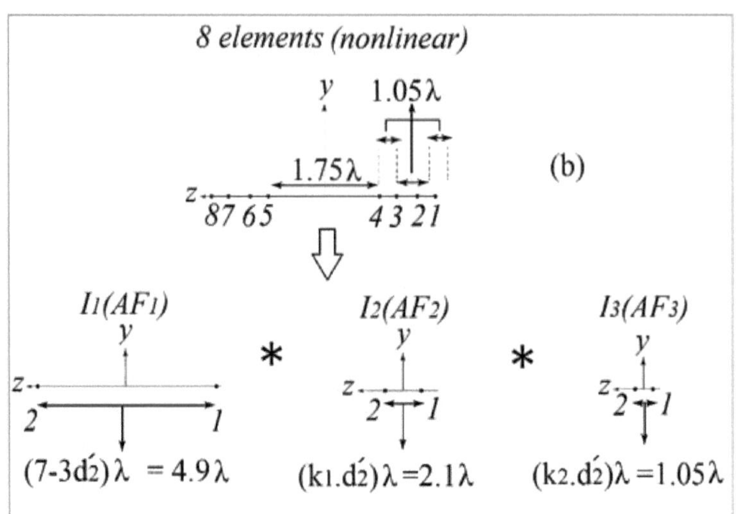

Figura 4.17: Matriz não linear baseada em (4.12).

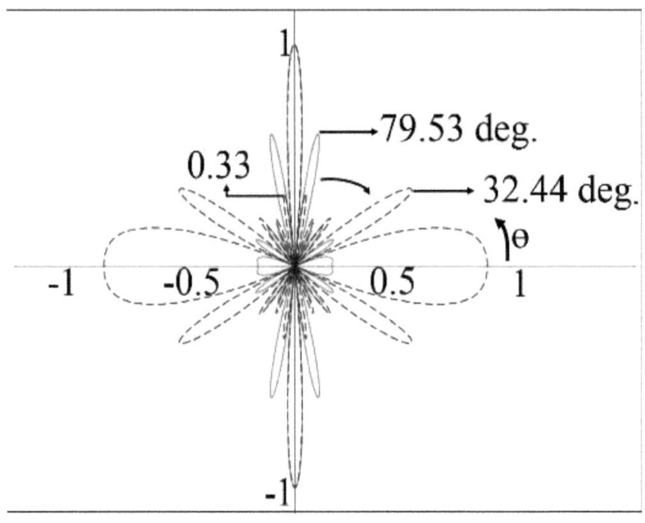

Figura 4.18: Comparação entre duas matrizes não lineares baseadas em (4.9) e (4.12).

5. RESULTADOS DE SIMULAÇÃO E MEDIÇÃO

Utilizando as conclusões da secção 4.2, é efectuada uma análise e simulação de uma antena de 8 elementos utilizando o Ansoft HFSS v.15 para validar os resultados. Além disso, é projectada, simulada e fabricada uma antena de elementos. Subsequentemente, o conjunto de 8 elementos é fabricado com base na antena de elementos projectada. Os resultados medidos correspondentes para os parâmetros S11 e o padrão de radiação do conjunto de antenas são então apresentados nesta secção. Além disso, a eficácia do método descrito na secção 4.3 é ilustrada através da simulação de um conjunto planar que utiliza o mesmo elemento de antena.

A antena de elemento utilizada neste livro, como mostra a Figura 4.19, é modelada com base em [51] com atributos direcionais ideais. Como resultado, as dimensões da antena são ajustadas de acordo com as descobertas e discussões descritas em [51]. Consequentemente, os detalhes específicos relativos aos parâmetros optimizados ultrapassam o âmbito deste estudo e não são explorados mais aprofundadamente neste livro. Estes parâmetros são optimizados para a gama de frequências da banda KU (10-12GHz). Posteriormente, esta secção ilustra a corrente de superfície, os campos eléctricos e as características de radiação resultantes geradas pela alimentação e pelo patch circular. A antena foi concebida sobre um substrato Taconic com uma permissividade relativa de 4,4, uma perda tangente de 0,003 e uma altura de 1,02 mm.

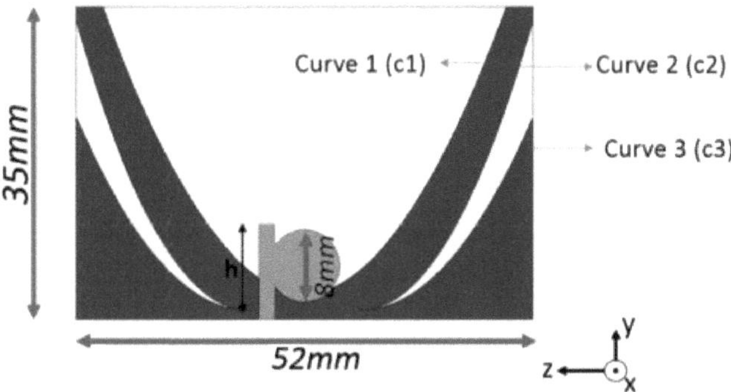

Figura 5.1: O elemento de antena simulado [43].

O S11 da antena é demonstrado na Figura 5.2, que inclui duas bandas de frequência e cobre a gama de frequências entre 7-12 GHz.

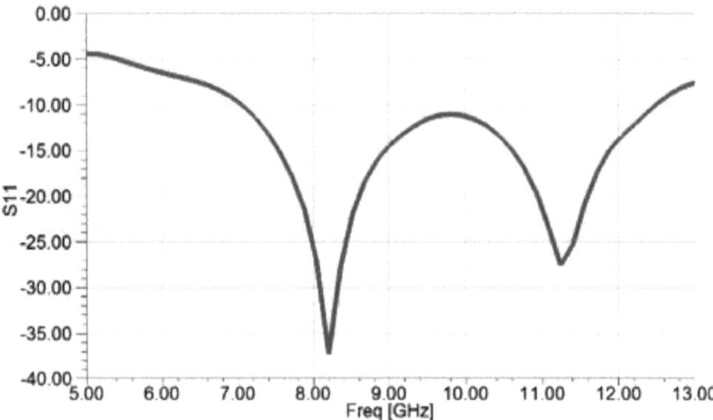

Figura 5.2: S11 da antena de elemento [43].

A antena é optimizada de forma a que a sua segunda banda seja sintonizada na banda desejada entre 10-12 GHz. Isto deve-se ao facto de a direção da corrente no patch circular na segunda banda provocar um feixe mais simétrico.

Na Figura 5.3, as correntes de superfície na mancha circular são demonstradas tanto para o modo fundamental na frequência de 8,2 GHz como para o modo superior na frequência de 11,5 GHz.

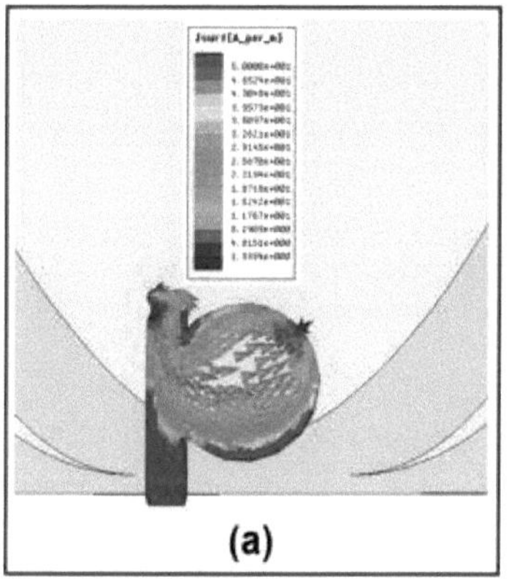
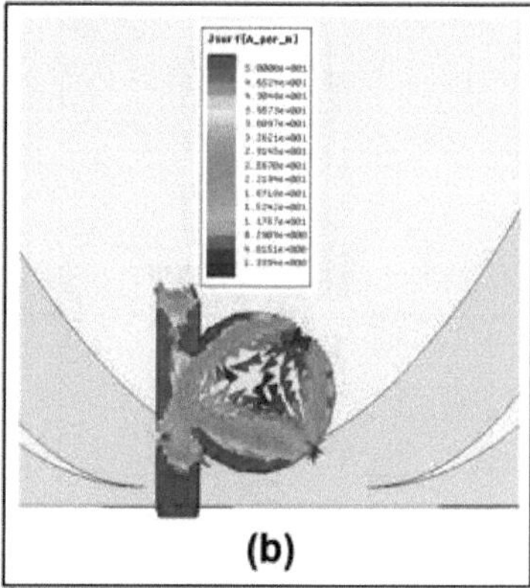

(a)   (b)

Figura 5.3: Correntes de superfície no patch circular (a) frequência de 8,2GHz, (b) frequência de 11,5GHz [43].

A análise da Figura 5.3 revela que as várias arestas da mancha circular provocam ressonância em duas frequências distintas: 8,2GHz e 11,5GHz. Esta afirmação é corroborada pela avaliação da intensidade dos campos eléctricos na mancha circular, como ilustrado na Figura 5.4. Comparando a Figura 5.4a (8,2GHz) com a Figura 5.4b (11,5GHz), torna-se evidente que as posições dos bordos radiantes da mancha circular são mais simétricas em relação ao plano de terra a 11,5GHz. Consequentemente, espera-se um padrão mais simétrico a 11,5 GHz do que a 8,2 GHz.

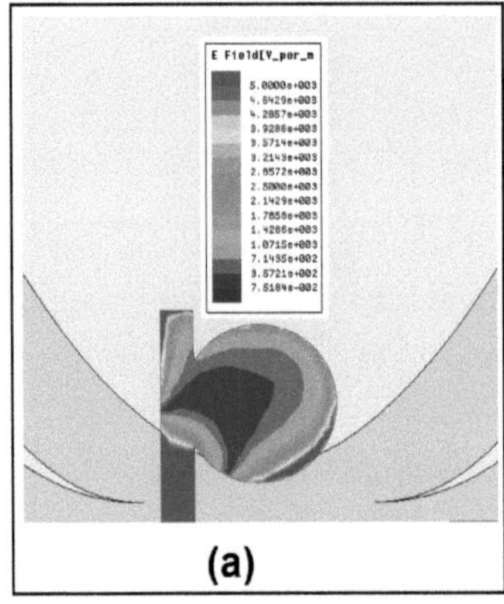 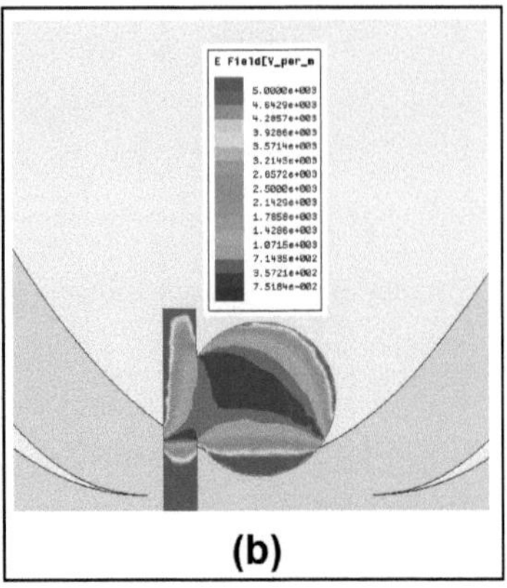

Figura 5.4: Campos eléctricos no patch circular (a) frequência de 8,2GHz, (b) frequência de 11,5GHz [43].

Finalmente, os feixes da antena são demonstrados na Figura 5.5, tanto no plano E como no plano H.

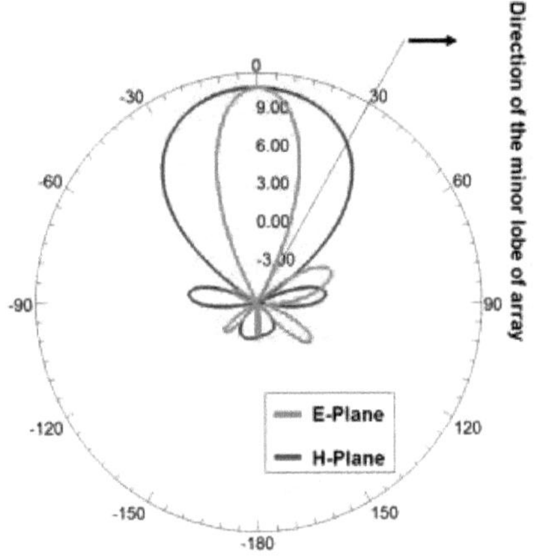

Figura 5.5: Feixes da antena no plano E e no plano H[43].

S11 da porta de onda e o da antena com partes reais e imaginárias são mostrados na Figura 5.6.

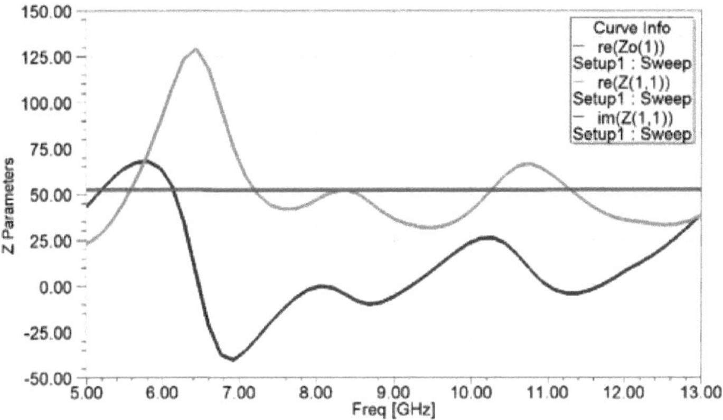

Figura 5.6: Impedância de entrada da porta de onda simulada e da antena [43].

A rede de alimentação, juntamente com as suas dimensões, é ilustrada na Figura 5.7. Na conceção com espaçamento λ, a rede de alimentação incorpora 16 divisores de potência. No entanto, como mostra a figura 5.7, o número de divisores de potência foi reduzido para 7 neste projeto, o que constitui um avanço significativo que conduz a uma redução das perdas. A porta de entrada é designada como porta 1, enquanto as portas de saída são rotuladas como portas 2 a 9. Em cada fase da rede de alimentação, é utilizado um divisor de potência simples de 1 (50 ohm) a 2 (100 ohm). Aqui, a impedância de qualquer porta de saída é transformada de 100 ohms para 50 ohms utilizando um transformador λ/4 de 70,71 ohms. As larguras das linhas são calculadas com base nas propriedades do substrato a 11,5 GHz, e os comprimentos são representados na Figura 5.7.

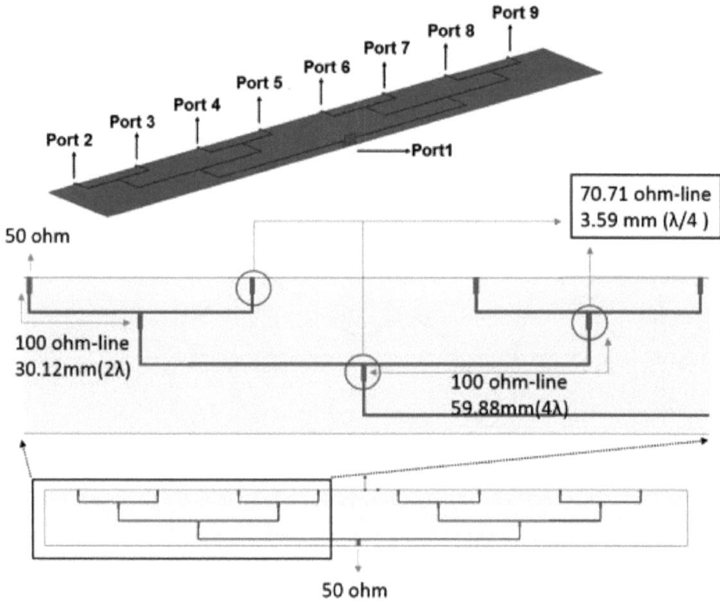

Figura 5.7: Rede de alimentação da matriz de 8 elementos [43].

Para melhor compreender o desempenho da rede de alimentação, são ilustrados os parâmetros S. A Figura 5.8 mostra os parâmetros S11-S99 das portas. Enquanto a porta de entrada demonstra uma ampla gama de correspondência, as portas de saída apresentam correspondência dentro de uma banda estreita. Essa limitação decorre do baixo isolamento entre as portas de saída, resultante do uso de divisores de potência padrão. Além disso, a Figura 5.9 apresenta os parâmetros S21-S91, ilustrando o rácio da potência transmitida para as portas de saída, que é de aproximadamente -11dB.

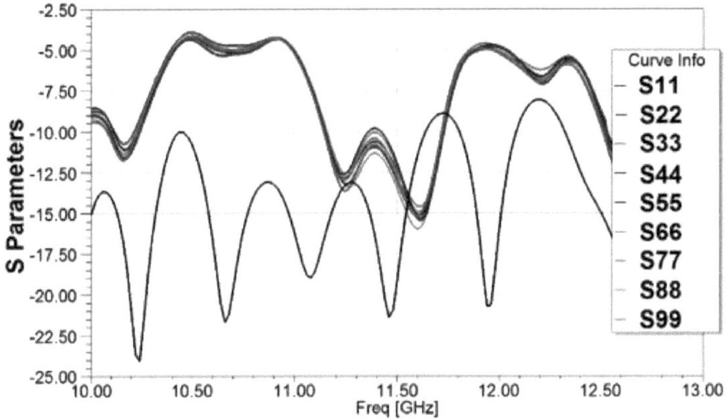

Figura 5.8: Parâmetros S11-S99 da rede de alimentação [43].

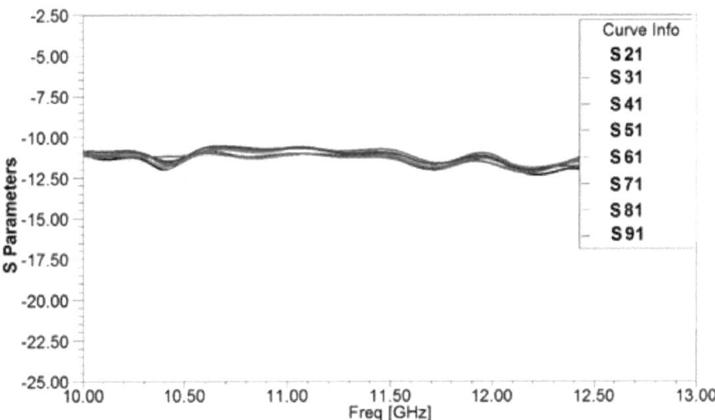

Figura 5.9: Parâmetros S21-S91 da rede de alimentação [43].

Finalmente, o espaçamento da matriz de 8 elementos é demonstrado na Figura 5.10.

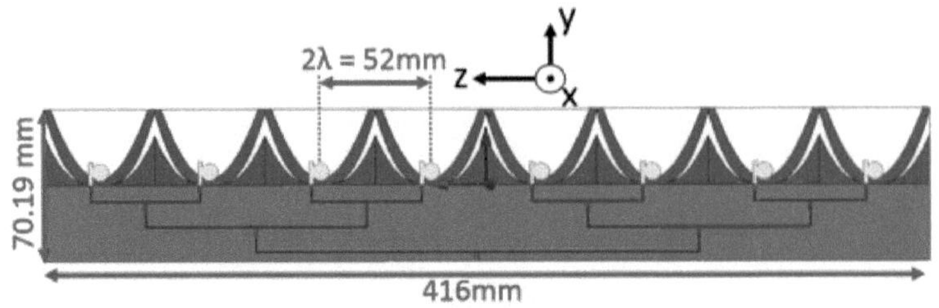

Figura 5.10: A antena de matriz de 8 elementos [43].

O padrão de radiação do conjunto no plano E está representado na Figura 5.11. É evidente que a intensidade normalizada do lóbulo lateral em θ = 60° é de -16 dB, correspondendo à intensidade da antena do elemento. No entanto, a intensidade do lóbulo lateral em θ = 120° é de -12 dB. Um facto notável é a largura do feixe de meia potência (HPBW) muito estreita da antena, medindo cerca de 3 graus, como se observa na Figura 5.11 entre os dois pontos m2 e m3. Além disso, o ganho da antena atinge 17,6 dBi.

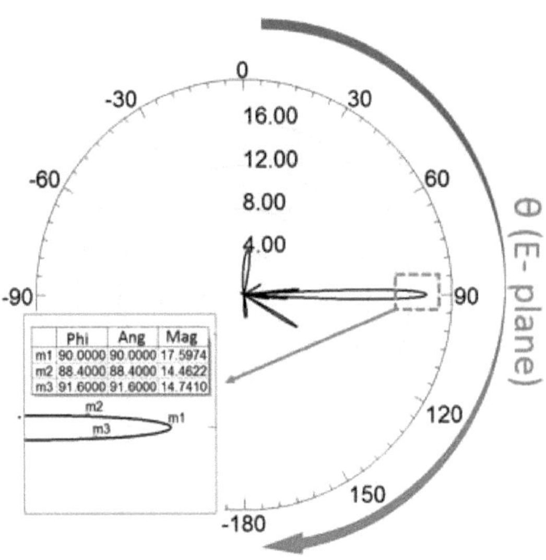

Figura 5.11: Padrão de radiação da antena de 8 elementos à frequência de 11,5 GHz em $\phi = 90°$ [43].

O padrão de radiação 3D do conjunto de antenas é apresentado na Figura 5.12, mostrando várias perspectivas. O feixe da antena no plano H carece de direccionalidade devido à orientação do conjunto no plano E. Adicionalmente, para além dos lóbulos laterais evidentes na Figura 5.11 nos ângulos θ = 60° e θ = 120° no plano φ = 90°, observam-se lóbulos laterais adicionais nos intervalos $0° < \theta < 60°$ e $120° < \theta < 180°$, estendendo-se para além do plano φ = 90° (mesmo para além de $60° < \varphi < 120°$). É importante notar que este conjunto de antenas foi concebido para ser utilizado como recetor num sistema de satélites geossíncronos, onde é suficiente um feixe altamente direcional num plano. Por conseguinte, o feixe no plano H e os lóbulos laterais para além de $\varphi = 90°$ são aceitáveis. No entanto, a secção seguinte aborda o cancelamento destes lóbulos laterais através da utilização de outra matriz (não linear) no plano H.

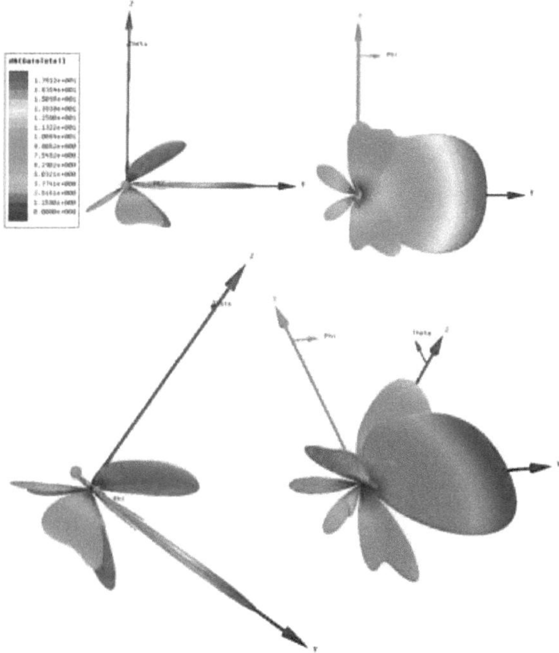

Figura 5.12: Padrão de radiação 3D da antena de 8 elementos à frequência de 11,5 GHz [43].

A rede de alimentação padrão utilizada no projeto apresenta um isolamento significativo entre as portas de saída, conforme observado. No entanto, é de notar que este aspeto não é crucial para os objectivos do livro. Além disso, a matriz é simulada utilizando a rede de alimentação Wilkinson, embora não seja fabricada fisicamente devido aos elevados custos de fabrico associados e às perdas substanciais nos divisores Wilkinson. A configuração simulada, incluindo as suas dimensões e propriedades, é ilustrada na Figura 5.13.

Além disso, a Figura 5.14 compara os parâmetros S da rede de alimentação baseada no divisor de Wilkinson com os da rede de alimentação padrão.

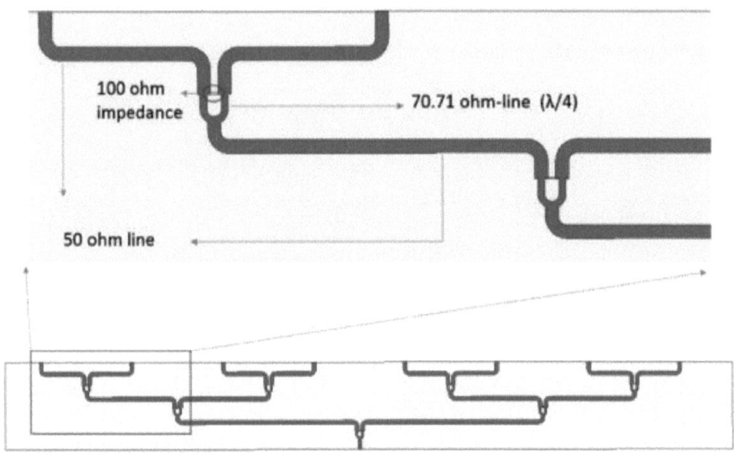

Figura 5.13 Rede de alimentação Wilkinson à frequência de 11,5GHz [43].

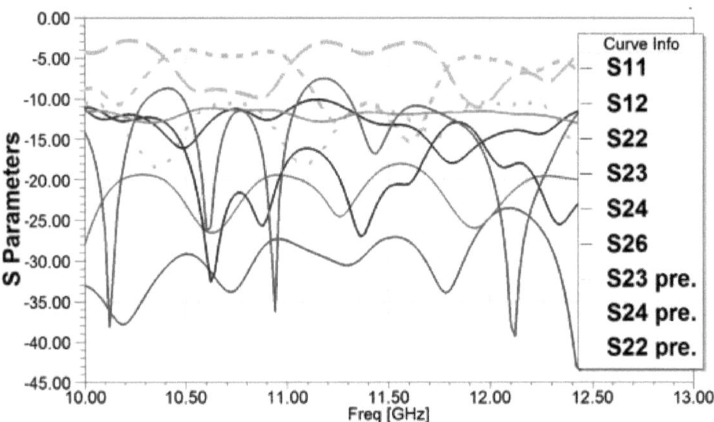

Figura 5.14:   Comparação entre os parâmetros S da rede de alimentação Standard e Wilkinson [43].

Em seguida, a antena é projetada utilizando a rede de alimentação Wilkinson, como mostra a Figura 5.15. Além disso, a Figura 5.16 compara os parâmetros S11 das antenas com as redes de alimentação padrão e Wilkinson.

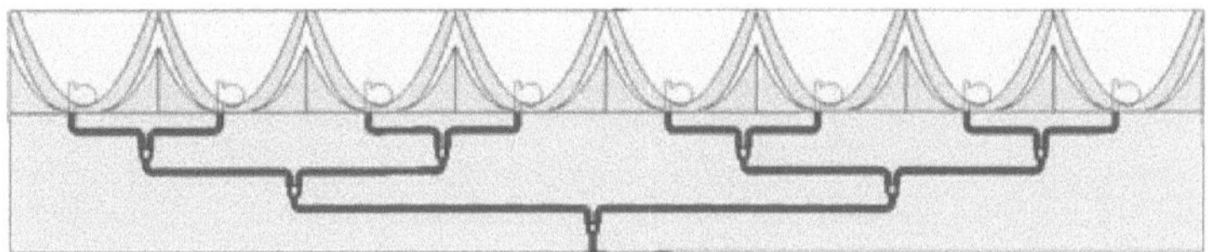

Figura 5.15: Antena projectada com base na rede de alimentação Wilkinson [43].

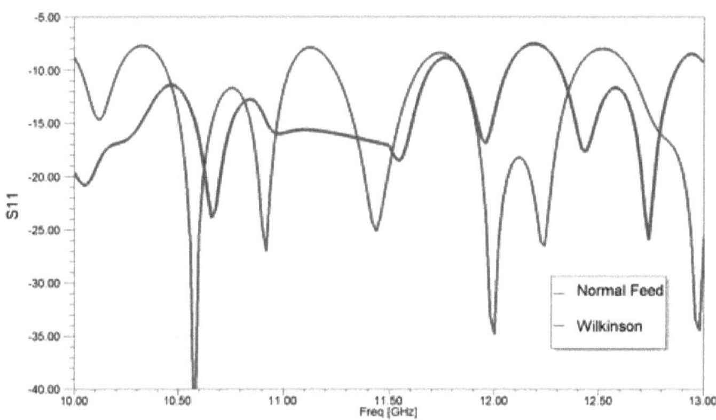

Figura 5.16: Comparação entre os parâmetros S11 de antenas com rede de
alimentação padrão e com rede de alimentação baseada em Wilkinson [43].

As características direccionais da antena de elementos, como se mostra na Figura 5.12, não são tão pronunciadas no plano H em comparação com o plano E, o que a torna menos adequada para a conceção de um conjunto planar com um espaçamento de 2λ entre elementos. No entanto, uma matriz linear desta antena (uma matriz de 8 elementos) com espaçamento λ é desenvolvida no plano H (plano y-x), resultando numa matriz planar semelhante à ilustrada na Figura 2.2. O padrão de radiação simulado desta antena de matriz plana é apresentado na Figura 5.17, obtendo-se um ganho de 28 dBi.

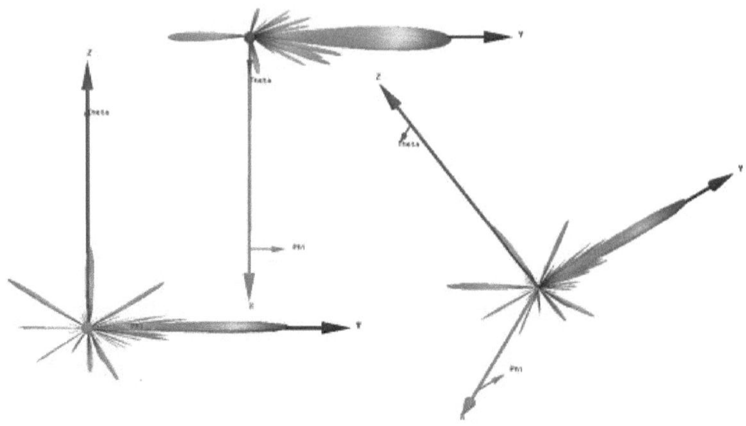

Figura 5.17: Feixes 3D da antena planar de 8×antena de 8 matrizes.

REFERÊNCIAS

[1] **Bevelacqua, P. J.** (2008). *Matrizes de Antenas: Limites de Desempenho e Otimização da Geometria*, (Tese de Doutoramento). Universidade Estadual do Arizona, EUA.

[2] **Benik, S., e Hajach, P.** (2002). Antenna Arrays - possibilidade de aplicação em comunicações móveis. *Journal of Electrical Engineering, vol. 53,* (11), pp. 332-335.

[3] **Elbert, B. R.** (2008). *Introdução às comunicações por satélite.* Artech House, Inc., Terceira edição, Boston, Londres.

[4] **Gao, S., Clark, K., Unwin, M., Zackrisson, J., ... Shiroma, W. A.** (2009). Antenas para pequenos satélites modernos. *IEEE Antennas Propag. Mag., vol. 51,* (4), pp. 40-56.

[5] **Azadegan, R.** (2010). Uma matriz de antena planar de banda Ku para receção de TV móvel por satélite com polarização linear. *Antennas and Propagation, IEEE Transactions on, vol. 58 ,* (6), pp. 2097 - 2101.

[6] **Hall, P. S., e Hall, C. M.** (1988). Coplanar corporate feed effects in microstrip patch array design. *IEE Proceedings H - Microwaves, Antennas and Propagation, vol. 135,* pp. 180-186.

[7] **Bilgic, M.M., e Yegin, K.** (2014). Matriz de antena de banda larga de baixo perfil com rede de alimentação híbrida de microfita e guia de ondas para sistemas de receção de satélite de banda Ku. *Antennas and Propagation, IEEE Transactions on, vol. 62,* (4), pp. 2258 - 2263.

[8] **Jalilfar, M., e Uddin, M. J.** (2011). Arquitecturas e aplicações de divisores de potência. *PIER C, vol. 18,* pp. 231-224.

[9] **Ercoli, M., Dragomirescu, D., and Plana, R.** (2011), Divisor de potência Wilkinson de tamanho pequeno e elevado isolamento para aplicações em redes de sensores sem fios de 60 GHz . *Encontro Temático sobre Circuitos Integrados Monolíticos de Silício em Sistemas de RF (SIRF 2011),* Phoenix, Estados Unidos, pp. 85-88.

[10] **Wen, L.W., e Shen , J.Y.** (2010). Uma antena de matriz de alto ganho com elementos dipolo alimentados em série. *Actas de Antenas e Propagação (EuCAP), a Quarta Conferência Europeia sobre,* pp. 1 - 4.

[11] **Jackson, D., e Alexoponlos, N.** (1985). Gain Enhancement Methods for Printed Circuit Antennas, *IEEE Transactions on Antennas and Propagation, vol. 33,* (9), pp. 976- 987.

[12] **Ando, M., Hirokawa, J., Yamamoto, T., Akiyama, A., Kimura, Y., e Goto, N.** (1998). Novel Single-Layer Waveguides for High-Efficiency Millimeter-Wave Arrays (Novos guias de onda de camada única para matrizes de ondas milimétricas de alta eficiência). *IEEE Trans. Microwave Theory and Techniques. vol. 46,* (6), pp. 792-799.

[13] **Zhang, Y. N., Yu, B., e Wu, D.** (2010). Baixo custo, alta eficiência, baixa matriz de lóbulo lateral de antenas de microfita alimentadas por guia de ondas. *Microw. Opt. Technol. Lett., vol. 52,* pp. 1582-1584.

[14] **Park, S. J., e Park, S. O.** (2016). Matrizes de antenas de guia de ondas integradas em substrato LHCP e RHCP para aplicações de ondas milimétricas. *IEEE Antennas and Wireless Propagation Letters*, doi: 10.1109/LAWP.2016.2594081.

[15] **Tirado, J. A., Peyrot, M. A., Jardon, H., Andrade, E. A., e Reye, M.** (2006). Aplicações da nova estrutura de microstrip defectada (DMS) em circuitos passivos planares. *Actas da 10ª Conferência Internacional da WSEAS sobre CIRCUITOS*, 10-12 de julho, Vouliagmeni, Atenas, Grécia, pp. 336-369.

[16] **Chakraborty, M., Rana, B., Sarkar, P. P., e Das, A.** (2012). Redução do tamanho da antena de microfita com ranhuras e estrutura de solo defeituosa. *Int. J. Electron. Eng.* page:61-64.

[17] **Pandhare, R., Zade, P. L., e Abegaonkar, M. P.** (2016). Matriz de antena de microfita miniaturizada usando estrutura de solo defeituosa com desempenho aprimorado. *Eng. Sci. Technol. an Int. J.,* vol. 19, (3), pp. 1360-1367.

[18] **Recioui, A. e Azrar, A.** (2007). Utilização de algoritmos genéticos na síntese de matrizes lineares e planares com base no método Schelkunoff. *Microw. Opt. Technol. Lett.* vol. 49, (7), pp.1619-1623.

[19] **Hussein, A. H., Abdullah, H. H. e Khamis, S.** (2012). Redução do nível de lóbulo lateral de matrizes de antenas lineares usando uma abordagem híbrida baseada em algoritmos MoM / GA. *PIERS Proceedings, Kuala Lumpur, n.º 1*, pp. 1328-1332.

[20] **Chartrand, M. R.** (2003). *Satellite Communications for the Nonspecialist* , Monografia da SPIE Press, Washington, EUA.

[21] **Harrington, R. F.** (1961). Sidelobe reduction by nonuniform element spacing (Redução de lóbulos laterais por espaçamento não uniforme de elementos). *IRE Trans. Antennas Propagat.*, pp. 187 - 192.

[22] **Dessouky, M., Sharshar, H. e Albagory, Y.** (2006). Técnica eficiente de redução de lóbulos laterais para matrizes circulares concêntricas de pequeno porte. *Prog. In Electromagnetics Research, vol. 65,* pp. 187-200.

[23] **Rupcic, S., Mandric, V. e Zagar, D.** (2011). Redução de sidelobes por espaçamento não uniforme de elementos de um conjunto de antenas esféricas. *Radioengineering, vol. 20,* (1), pp. 299-306.

[24] **Tian, Y., e Qian, J.** (2005). Melhorar o desempenho de uma matriz linear alterando os espaços entre os elementos da matriz em termos de algoritmo genético, *IEEE Trans. Antennas Propagat., vol. 53,* (7), pp. 2226-2230.

[25] **Sayidmarie, K. H., e Aboud, A. H.** (2008). Melhoria do padrão de radiação da matriz através da perturbação da posição do elemento. *5th International Multi-Conference on Systems, Signals and Devices, IEEE SSD,* Jul. 20-22, doi: 10.1109/SSD.2008.4632840.

[26] **Das, S., Bhattacherjee, S., Mandal, D., e Bhattacharjee, A. K.** (2010). Optimal sidelobe reduction of symmetric linear antenna array using genetic algorithm, *Annual IEEE India Conference (INDICON), Dec. 17-19,* doi: 10.1109/INDCON.2010.5712742.

[27] **Balanis, C. A.** (2016). *Antenna Theory: Analysis and Design,* Fourth Edition, John Wiley, Hoboken, NJ.

[28] **Stutzman, W. L., e Thiele, G. A.** (1998). *Antenna Theory and Design,* Segunda Edição, John Wiley & Sons, NY.

[29] **Coe, L.** (2006). *Wireless Radio: A History.* Segunda edição. McFarland & Company, Nova York.

[30] **Alvarez, L. W.** (1989). *Adventures of a Physicist.* Basic Books, Nova Iorque.

[31] **Unz, H.** (1960). Matrizes lineares com elementos arbitrariamente distribuídos. *IEEE Trans. Antennas Propag., vol. 8,* pp. 222-223.

[32] **King, D., Packard, R., e Thomas, R.** (1960). Unequally spaced, broad-band antenna arrays. *IEEE Trans. Antennas Propag., vol. 8,* pp. 380-384.

[33] **GODARA, L. C.** (1997). Aplicações de conjuntos de antenas para comunicações móveis, Parte 1: Performance Improvement, Feasibility and System Consideration, *Proceedings of the IEEE, vol. 85,* (7), pp. 1031-1057.

[34] **Sclub, R., Thiel, D. V., Lu, W. L., e Okeefe, S. G.** (2000). Dual- Band Six-Elements Switched Parasitic Array for Smart Antenna Cellular Communications Systems, *Electronics letters, vol. 36,* (16), pp. 1342-1343.

[35] **Ho, M. J., Stauber, G. L., Austin, M. C.** (1998). Performance of Switched-Beam Smart Antennas for Cellular Radio Systems (Desempenho de antenas inteligentes de feixe comutado para sistemas de rádio celular). *IEEE Trans. on Vehic. Technology, vol. 47,* (1), pp. 10-19.

[36] **Alam, M. M., Sonchoy, M. R., Goni, M. O.** (2009). Projeto e análise de desempenho da antena de matriz de microfita. *Actas do Simpósio de Investigação em Eletromagnetismo,* 18-21 de agosto, Moscovo, Rússia.

[37] **Visser, H. J.** (2005). *Array and Phased Array Antenna Basics,* Wiley, julho, EUA.

[38] **Shahabadi, M., Busuioc, D., Borji, A., e SafaviNaeini, S.** (2005). Conjunto quasi-planar de baixo custo e alta eficiência de antenas de microfita circularmente polarizadas alimentadas por guia de ondas, *IEEE Trans. Antennas Propag., vol. 53,* (6), pp. 2036-2043.

[39] **Dolph, C. L.** (1946). Uma distribuição de corrente para matrizes de lado largo que optimiza a relação entre a largura do feixe e o nível do lóbulo lateral. *Proc. IRE, vol. 34,* pp. 335-348.

[40] **Harrington, R.** (1961). Sidelobe Reduction by Nonuniform Element Spacing, *IEEE Trans. Antennas and Propag., vol. 9,* pp. 187-192.

[41] **Stutzman, W. L.** (1972). Síntese de feixe moldado de matrizes lineares não uniformemente espaçadas. *IEEE Trans. Antennas Propagat, vol. 20,* pp. 499-501.

[42] **Tiezzi, F., Vaccaro, S., DelRio, D. L., Grano, C. D., e Rua, M. F.** (2011). Antena de matriz de banda Ku de baixo perfil para comunicações móveis por satélite de banda larga. *IEEE Aerosp. Conf. Proc.,* 5-12 de março, pp. 1-6.

[43] **Javad Jangi Golezani** (2017). NOVAS TÉCNICAS DE DESIGN DE ANTENAS DE MATRIZ PARA COMUNICAÇÃO POR SATÉLITE. *Tese de doutoramento, Universidade Técnica de Istambul.*

[44] **Huang, G. L., Zhou, S. G., Chio, T. H., Yeo, T. S.** (2014). Arranjo de antena de slot alimentado por guia de onda de banda larga e alto ganho na banda Ku, *IET Microw. Antennas Propag., vol. 8,* (13), pp. 1041-1046.

[45] **Xiang, H., e Jiang, X.** (2008). Projeto de um conjunto de antenas de microfita de alto ganho em banda Ku. *2008 8th Int. Symp. Antennas, Propag. EM Theory*, 2-5 Nov., pp. 327-329.

[46] **Xianzhong, C., Yixin, Y., Qingwen, H., Xiaoli, L., Menghui, Z., Kangli, L.** (2010). Um projeto de antena de matriz faseada baseado na antena Vivaldi. *Industrial and Information Systems (IIS), 2nd International Conference on*, vol. 1, pp. 334 - 337.

[47] **Kimura, Y., Senga, A., Sakai, M., e Haneishi, M.** (2007). Uma matriz de guia de ondas com fenda de camada única alimentada em fase alternada com um feixe em forma de sector para radar de ondas milimétricas. *IEICE Trans. Electron, vol. E90-C, (*9*), pp. 1801-1806.

[48] **Araki, K., Tanaka, A., e Matsumura, E.** (2003). Projeto de antena de matriz faseada de varrimento largo em banda Ka, *IEEE Proc. Microwaves, Antennas Propag.*, *vol. 150*, (5), pp. 379.

[49] **Recomendação ITU - R BS. 1195-1**, (2013). Características da antena de transmissão em VHF e UHF da série BS. *União Internacional das Telecomunicações, vol.1*.

[50] **Mokhtaari, M., e Bornemann, J.** (2008). Antenas direccionais de banda ultra-larga em tecnologias planares. *Actas da 38.ª Conferência Europeia de Micro-ondas*, pp: 885-888.

[51] **Golezani, J. J., Abbak, M., and Akduman, I.** (2012). Antena monopolar prontada de banda larga direcional modificada para uso em aplicações de radar e imagem de micro-ondas, *Progress In Electromagnetics Research Letters, vol. 33*, pp. 119-129.

[52] **Xianzhong, C., Yixin, Y., Qingwen, H., Xiaoli, L., Menghui, L, Kangli L.** (2010). A design of phased array antenna based on the Vivaldi antenna, *Industrial and Information Systems (IIS), 2nd International Conference on*, , vol. 1, pp. 334 - 337.

[53] **Oppenheim, A. V., Willsky, A. S., and Nawab, H.** (1997) *Fourier analysis for continuous-time signals and systems, in Signals & systems* , second edition, NJ.

[54] **Keizer, W.** (2007). Síntese rápida de baixo lóbulo lateral para grandes antenas de matriz planar utilizando sucessivas transformadas rápidas de Fourier do fator de matriz. *IEEE Trans. Antennas Propag., vol. 55*, (3), pp. 715-722.

[55] **Brandwood, D.** (2003). *Array Beamforming, em Fourier Transforms in Radar and Signal Processing* , 2ª edição, Boston, Londres.

I want morebooks!

Buy your books fast and straightforward online - at one of world's fastest growing online book stores! Environmentally sound due to Print-on-Demand technologies.

Buy your books online at
www.morebooks.shop

Compre os seus livros mais rápido e diretamente na internet, em uma das livrarias on-line com o maior crescimento no mundo! Produção que protege o meio ambiente através das tecnologias de impressão sob demanda.

Compre os seus livros on-line em
www.morebooks.shop

Printed by Books on Demand GmbH, Norderstedt / Germany